AI 시대
메타버스 기술과
표준화 전략

고가온 · 오성호 · 백남수 · 이재영 · 정현철 · 김흥택

박 윤 · 박준호 · 이종섭 · 왕영혁 · 김영미 · 김석무 지음

AI 시대

메타버스 기술과

표준화 전략

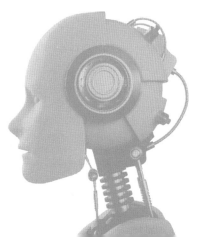

———

AI · METAVERSE ·

STANDARDIZATION

이 책은 메타버스가 단순히 게임이나 엔터테인먼트의 영역을 넘어서, 교육, 의료, 비즈니스, 그리고 정부의 운영 방식에 이르기까지 우리 삶의 모든 측면을 어떻게 변화시킬 수 있는지를 보여주고 있습니다. 저자들은 실제 사례 연구와 전문가 인터뷰를 통해 메타버스의 현실 적용 사례를 구체적으로 보여주고, 독자들에게 가상과 현실의 경계가 흐려지는 미래를 대비할 수 있는 지혜를 주고 있습니다.

이 책이 디지털 시대의 새로운 지평, 메타버스를 탐구하는 데 커다란 도움이 되길 바랍니다.

성윤모, 중앙대학교 석좌교수/전 산업통상자원부 장관

이 책은 메타버스의 세계를 탐험하는 데 필요한 가장 완벽한 안내서입니다. 저자들은 PBL 활동을 통해 메타버스의 미래와 그것이 우리의 일상생활, 업무, 그리고 사회적 상호작용에 미칠 영향을 세심하게 분석하고, 주요 산업 분야별 실제 사례를 연구하여 독자들에게 이 혁신적인 기술이 어떻게 우리의 삶을 변화시킬지에 대한 명쾌한 통찰을 제공합니다. 이 책은 기술 애호가뿐만 아니라 일반 독자들에게도 메타버스의 복잡한 개념을 쉽고 명확하게 이해할 수 있게 해주며, 우리가 새로운 디지털 시대의 잠재력을 최대한 활용할 수 있도록 도와줍니다. 메타버스에 대한 깊은 이해와 실용적인 지식을 얻고 싶은 모든 이들에게 이 책을 강력히 추천합니다.

강명수, 한국표준협회장

새로운 세계로의 가능성을 제시하면서 2021년에 일어난 메타버스 열풍이 좀처럼 꺼지지 않고 있습니다. 오히려 다양한 분야로 확산하면서 구체화되고, 그 효용성을 겪으면서 더 빠르게 우리의 삶을 변화시키고 있습니다. 인터넷 다음 버전으로 메타버스 시대가 다가오고 있는 것이라 할 수 있습니다.

한 예로, 최근에는 코로나 시대와 맞물려 일하는 방식은 오프라인(오피스) 그대로 유지하되 공간만 메타버스로 옮겨 일하고 있는 분들도 주변에 흔하게 볼 수 있게 되었습니다. 이처럼 메타버스는 실제 현실과 비슷하거나 더 나은 업무 환경을 제공해 공간의 패러다임을 변화시키고 있습니다.

디지털 전환 시대에 큰 화두로 자리 잡은 메타버스는 증강 현실, 거울 세계, 라이프 로깅 등 그 영역이 넓지만, 메타버스를 이용하는 것은 결국 기계가 아닌 사람입니다. NFT 저작권 분쟁, 개인정보 유출, 디지털 폭력 등 메타버스라는 기술 발전이 가져올 변화와 문제점을 잘 알아두어야 하는 이유이기도 합니다.

이 책은 중앙대학교 표준고위과정 주제인 메타버스에 대한 용어의 유래부터 기술, 정책, 표준 등에 대한 발표와 토론 내용을 정리하여 담았습니다. 현실에 도움을 주는 또 다른 세상인 메타버스 기술 개념이 아직 어려운 분들께 쉬운 안내서가 되고, 메타버스를 어떻게 활용해야 할지 모르는 분들에게 메타버스 기술 동향과 표준에 대한 이해도를 높일 수 있는 가이드로서 이 책을 추천합니다.

정훈, 한국전자통신연구원(ETRI) 우정/물류기술연구센터장

AI는 이제 우리 주변에 성큼 다가왔지만 어떻게 활용해야 할지, 어떻게 만들어져야 할지 각자 길을 가고 있습니다. 이 책에서는 이런 신산업이 어떤 기준으로 구성되고 활용되어야 할지 방향을 제시하고 있습니다. 이제 머지않은 곳에 와 있는 메타버스 기술에 대한 표준화에 한번 관심을 기울여

봅시다.

권보헌, 극동대학교 항공안전관리학과 학과장/교수

메타버스는 현실과 가상을 연결하는 새로운 세계로, 다양한 산업과 분야에 혁신을 가져올 것으로 기대되고 있습니다. 이러한 메타버스 산업이 활성화되기 위해서는 표준화가 필수적입니다. 표준은 메타버스 플랫폼, 콘텐츠, 서비스의 상호운용성을 보장하고, 사용자 경험을 향상시키며, 산업 생태계를 조성하는 데 중요한 역할을 합니다.

본서는 메타버스 표준화의 필요성과 중요성을 강조하고, 메타버스 표준화의 현황과 동향을 분석합니다. 또한, 메타버스 표준화 전략 수립의 주요 고려 사항을 제시하고 있습니다. 메타버스에 관한 지평을 넓혀줄 것으로 기대합니다.

탁진규, 명지전문대학교 경영학과 교수

시공간을 초월하여 구현되어 '차세대 인터넷'이라고 불리는 메타버스의 사용성과 효율성 향상을 위해 가장 선제적으로 필요한 항목이 바로 표준화이며, 이런 부분에 어떻게 접근할지를 궁금해하시는 분들께 다양한 분야에서 표준화 전문가로 활동하시는 분들이 일목요연하게 설명해 주신 이 책을 추천합니다.

박상훈, LG화학 품질시스템팀 전문위원

상상 속에서만 존재하던 가상과 현실의 세계를 하나의 공간에서 만나게 해준 메타버스. 그에 대한 기대가 컸던 만큼 아쉬움 또한 컸던 상황에서 '메타버스 기술에 대한 표준화 전략'을 통해 체계적 구성과 방향성을 제시하고 있는 이 책은 다시 한번 메타버스 산업이 도약할 기회를 만들어 주는 표준을 제시한다는 점에서 큰 기대감을 갖게 해주는 책입니다. 오늘부터 다시 한번 상상의 공간에서 마음껏 즐길 수 있는 기분 좋은 시작을 꿈꾸어 봅니다.

송진섭, 성남시금융복지상담센터장

메타버스(Metaverse)는 가상과 현실이 융합된 공간에서 사람과 사물이 상호작용하며, 경제 · 사회 · 문화적 가치를 창출하는 세계입니다. 이러한 메타버스는 의료분야에서도 실습이 중요한 분야를 중심으로 감염이나 의료사고 위험을 줄여줄 수 있는 새로운 대안으로 주목받고 있으며, Post인터넷 시대를 주도하는 신패러다임으로도 메타버스가 언급되고 있습니다. 향후 우리나라도 최첨단 하드웨어 및 IT 기반 인프라를 갖추게 되면 가상공간을 활용함으로써 현실에서는 실현하기 어려운 의료 행위가 가능해지며, 아바타를 활용하여 건강을 진단하는 등 용도가 다양할 것으로 생각하고 있습니다. 이는 곧 양질의 의료 서비스, 첨단 의료기술, 상대적으로 저렴한 의료비용, 신속하고 효율적인 진단 및 치료 서비스를 제공해 주리라 기대됩니다.

김병수, 가톨릭대학교 전) 성바오로병원장/교수

중앙대학교 표준고위과정 6기 1팀의 장관상 수상 기념 서적출판을 진심으로 축하드립니다. 『AI 시대 메타버스 기술과 표준화 전략』은 탁월한 지식과 역량을 갖춘 제자들의 노력의 결실물입니다. 이 책은 AI 시대의 새로운 표준화 전략을 제시하면서 미래에 대한 통찰력과 혁신적인 아이디어를 담고 있어, 독자들에게 귀중한 인사이트를 제공할 것입니다. 이 책은 디지털 시대의 새로운 가능성을 탐구하고자 하는 독자들에게 강력히 추천합니다. 제자들의 공헌과 열정에 감사드리며, 이 책을 통하여 AI 시대를 준비하는 많은 어얼리버드(early bird)들이 저자들의 비전과 열정을 경험해 보시길 기원합니다.

이용규, 중앙대학교 표준정책학과장/교수

지식혁명 시대의 불확실성 속에서 표준과 함께하는 표준고위과정 수료생들이 만든 『AI 시대 메타버스 기술과 표준화 전략』이라는 결실을 여러분에게 소개할 수 있음을 매우 기쁘게 생각합니다. 이 책은 중앙대학교 표준고위과정 6기 PBL팀이 기획하고 만든 작품으로, 현대 사회에서 주목받고 있는 메타버스와 인공지능 기술의 결합에 대한 핵심적인 통찰력과 표준화 전략을 다루고 있습니다.

인공지능의 발전과 디지털 혁명이 우리의 일상생활에 거대한 변화를 가져오고 있는 현실에서 메타버스는 이러한 발전의 한 축으로 떠오르고 있습니다. 이 책은 이러한 변화에 대한 깊은 이해와 함께 메타버스와 인공지능이 표준을 기반으로 어떻게 상호작용하며 혁신을 이끌어내고 있는지에 대한 질문에 대답하고 있습니다. 더 나아가, 표준화의 중요성에 대한 인식을 강조하며, 이를 통해 메타버스와 인공지능이 보다 안정적이고 효율적으로 발전할 수 있는 방향에 대해 제안하고 있습니다.

이 책은 표준고위과정 6기 PBL팀이 학문적 열정과 높은 표준을 유지하며 편찬한 작품으로, 표준고위과정 연구책임교수로서 수료생이자 저자들에게 경의를 표합니다. 메타버스와 인공지능의 결합이 어떻게 새로운 지식의 지평을 열어가고 있는지에 대한 논의는 미래의 지도자, 연구자, 기술 전문가, 그리고 일반 독자에게 모두 깊은 생각을 안겨줄 것입니다. 앞으로 대한민국의 미래를 준비하는 데 도움이 되리라 확신합니다.

송용찬, 중앙대학교 공공인재학부 교수/표준고위과정 연구책임교수

중앙대학교 행정대학원 표준고위과정의 수업 PBL활동을 통해 열정의(or 단단한) 팀워크와 우수한 결과를 맺은 6기 팀원분들께 감사와 응원의 박수를 보냅니다. 과정의 시간과 노력을 통해 협력한 결과물인 서적 출판은 표준고위과정의 본이며 자랑입니다.

이 책은 뉴노멀 시대 디지털 현실인 다양한 메타버스 신기술의 변화 및 기술 표준 제도 개선 방안을 제시하고 있습니다. 이런 점에서 『AI 시대 메타버스 기술과 표준화 전략』은 단단한 기초와 메타버스 활용 방향의 사례를 쉽게 설명해 주는 도서로, 뉴노멀 시대 메타버스 기술과 표준화 전략을 궁금했던 분들에게 쉽게 답해 줄 수 있을 것입니다.

미래 메타버스 신기술과 표준화의 발전을 위해 우리는 이 책을 읽어야 할

것입니다. 독자들에게 강력히 추천합니다.

윤세라, 중앙대학교 행정대학원 표준고위과정/책임교수

메타버스는 가상현실과 현실 세계를 융합한 디지털 공간으로, 다양한 서비스와 상호작용이 가능한 가상 세계를 의미합니다. 현재의 세상에 메타버스가 미치는 영향력은 상당히 큽니다.

메타버스는 혁명처럼 새로운 경제 생태계를 형성하여 가상자산이라는 개념이 등장하였고, 가상 공간에서의 소유권과 거래가 가능해졌습니다. 또한 소셜 인터랙션과 커뮤니티 활동을 혁신하고 있습니다. 이러한 메타버스의 혁명은 교육과 문화, 국방 안보 분야 등에 지대한 영향을 미치고 있습니다. 하지만 메타버스의 등장과 발전에는 몇 가지 과제와 우려도 존재합니다.

예를 들어, 개인 정보 보호와 사이버 보안 문제, 디지털 격차 문제, 중앙집중화, 표준화 등이 그중 일부입니다. 이러한 문제들은 적절한 대응과 규제가 필요한 과제로 인식되고 있습니다. 매튜 볼런티어가 저술한 『메타버스 혁명: 가상세계에서의 새로운 경제와 삶의 혁명』은 메타버스의 혁신적인 가능성과 그로 인해 창출되는 경제적 기회에 대해 흥미로운 시각을 제시하는 책입니다. 이러한 책들은 주로 메타버스와 관련된 다양한 주제를 다루고 있으며, 각자의 관점과 통찰력을 통해 메타버스에 대한 이해를 높일 수 있을 것입니다. 원하는 주제나 관심사에 맞는 책을 선택할 수 있습니다. 이러한 책들과 다르게, 아무나 범접하기 어려운 메타버스의 표준화 전략에 대한 책의 출간을 축하드립니다. 중앙대학교 표준고위과정 연수생(제10기)들의 공동 저서인『AI 시대 메타버스 기술과 표준화 전략』은 메타버스의 활용 방향과 적용 사례를 중심으로 제도, 정책적인 표준화 전략을 제시하고 있습니다. 국방, 표준화 정책, 메타버스 서비스와 기술, 온라인 교육 등 다양한 비즈니스 도메인 전문가들의 논리적 아이디어를 충실한 콘텐츠로 담아낸 책으로서 일독을 권하며 추천합니다.

김영인, 중앙대학교 국방AI교육대학 교수(표준고위과정 제4기 수료)

메타버스로 향하는 길에는 우리가 이미 가지고 있는 기술만이 아니라 새로운 기술의 출현도 요구됩니다. 본 서적은 중앙대학교 표준고위과정 6기의 결과물입니다. 2023년 현재 메타버스 실현을 위해 필요한 기술 표준과 제도를 살펴보고, 개선 방안까지 제시합니다. 현재의 메타버스와 미래에 도래하게 될 메타버스는 분명 다르겠지만, 저자들은 메타버스를 어떻게 활용할 수 있는지를 현재 상황에서 그려보고 있습니다. 향후 메타버스는 우리가 생각하는 것보다 더 빨리 혹은 더 늦게 그리고 다른 이름으로 다가올 수 있지만, 그 기술과 제도 그리고 활용 및 적용에 관한 고민은 지금이나 그때나 필요합니다. 2023년 현재 메타버스에 관한 하나의 시각으로서 이 서적을 추천합니다.

이종혁, 세종대학교 정보보호학과 교수

축하드립니다. 훌륭한 스승에 훌륭한 제자가 나오기 마련입니다.

4차 산업에서 아무도 가 보지 못한 개척자의 정신이 표준으로 발현되어 이제 이 분야에서 누군가가 길을 찾아 헤맬 때, 본 도서는 어두운 바다에서 하나의 나침반과 등대의 역할을 할 것입니다.

최병철, ISO/TC 8/SC 8 컨비너(세종대학교)

메타버스 기술과 표준화에 관한 책 출간 소식을 듣고 기쁘게 생각합니다. 『AI 시대 메타버스 기술과 표준화 전략』은 첨단화되어 가는 비즈니스 환경에서 표준화된 메타버스 서비스 환경에 대한 중요한 통찰력을 제공할 것으로 기대됩니다.

뉴노멀 시대에 현실과 가상 세계를 오가며 살아가야만 하는 디지털 네이티브들이 멀티플랫폼 환경에서도 표준화된 프로토콜을 사용하여 효율적으로 적응하고, 관련 서비스가 잘 활용될 수 있도록 가이드가 필요한 시점에 이 책이 출간되어서 아주 시의적절해 보입니다.

메타버스는 사물인터넷, 디지털트윈, 혼합현실, 생성형 AI 기술 등을 기반으로 미래의 디지털 세계를 혁신적으로 변화시킬 것입니다. 이 책은 메타버스의 복잡한 기술과 환경 속에서 독자들에게 방향성을 제시하며, 향후 비즈니스 전략에 대한 실질적인 가이드로 작용할 것입니다. 메타버스와 관련된 핵심 개념과 표준화에 대한 폭넓은 이해를 제공함으로써, 독자들은 미래를 대비하고 혁신적인 전략을 구축하는 데 도움을 받을 것입니다.

최귀남, 한국지능형사물인터넷협회 전문위원/전 Dell Technologies Korea 전무

산업혁명의 회차가 증가할수록 기술혁신의 주기가 점점 더 빨라지고 있다는 데는 이견이 없습니다. 오늘날 기술 혁신을 가속화하는 요인으로는 AI의 활성화를 들 수 있습니다. 수많은 변화와 발견들이 AI를 통해 인간의 삶에 영향을 미치는 방향으로 효율화되고 있기 때문입니다. AI의 발전은 여러 기술 분야에서 새로운 가능성을 열어주고, 반대로 다양한 기술 발전은 AI의 성능과 응용 분야를 확장시키고 있습니다.

메타버스의 도입 역시 기술혁신을 앞당기는 요인으로 작용하고 있습니다. AI 기술과의 상호작용하에 메타버스와 관련된 신기술은 발전을 거듭하고 있으며, 이는 다양한 산업과 개인의 일상생활에 혁명적인 변화를 가져올 것으로 예상됩니다.

우리는 이 빠른 변화와 기술혁신을 적절히 촉진하고 때로는 사회적, 경제적 발전에 유익하게 조절할 필요를 느낍니다. 이렇듯 AI와 메타버스와 같은 신기술에 있어 적절한 기술 표준의 존재는 매우 중요한 역할을 한다고 할 수 있습니다.

중앙대학교 표준고위과정은 AI와 메타버스라는 신기술을 과감히 주제로 다루었다는 점에서 그 의미가 큽니다. 서로 다른 분야에 종사하는 전문가들이 모여 심층적인 지식을 바탕으로 AI와 메타버스에 대해 열띤 토론을 하고 그 결과물을 책으로 출간하게 되었습니다.

우리 사회와 경제에서 꼭 필요한 책으로서 건강하고 지속적인 기술 발전을 지원하며, 사용자와 기업, 정부 등이 함께 협력해 AI와 메타버스를 안전하게 활용하는 데 기반이 되기를 기대합니다.

박병관, 독일 프라운호퍼 한국대표사무소 대표

메타버스라는 주제를 다루는 이 서적은 기술적 현상을 넘어서 사회적, 문화적, 심리적 측면까지 광범위하게 탐구하는 독창적인 작품입니다. 저자는 메타버스가 우리의 정체성, 커뮤니티 구성, 그리고 문화적 표현에 어떻게 영향을 미칠 수 있는지를 심오하게 분석합니다. 이 책은 메타버스를 통해 인간 경험이 어떻게 변화하고, 이 변화가 우리의 생활 방식과 사고방식에 어떤 도전과 기회를 제공하는지 탐색합니다. 독자들은 이 서적을 통해 메타버스의 기술적 복잡성을 넘어서 그것이 개인과 사회에 끼치는 깊은 영향을 이해하게 될 것입니다. 이 서적은 메타버스의 다면적인 영향을 이해하고 그 속에서 새로운 기회를 찾고자 하는 모든 이들에게 깊이 있는 통찰과 영감을 제공합니다.

정동희, 전력거래소 이사장/전 산업부 국가기술표준원장

이 책을 읽는 것은 마치 새로운 역할을 탐색하는 것과 같은 경험입니다. 메타버스라는 무대 위에서, 저자는 우리에게 가상과 현실이 어떻게 서로 영향을 주고받는지를 보여줍니다. 영화배우로서, 전 캐릭터를 연구하고 그들의 세계에 몰입하는 것이 얼마나 중요한지 잘 알고 있습니다. 이 책은 메타버스가 우리가 이해하는 '현실'과 어떻게 다른 차원의 '역할'과 '무대'를 제공하는지를 깊이 있게 탐구합니다.

메타버스는 마치 영화의 세트장과 같이, 새로운 환경과 상황을 만들어 내는 장소입니다. 이 책을 통해, 저는 가상 세계가 어떻게 우리의 감정, 생각, 심지어 행동에 영향을 미칠 수 있는지 이해하게 되었습니다. 이는 배우로서

내가 맡은 캐릭터를 이해하고 그들의 세계에 빠져드는 것과 매우 유사한 과정입니다.

저자들은 기술적인 설명을 넘어서, 메타버스가 인간의 감정, 대인 관계, 그리고 창의성에 어떤 새로운 가능성을 열어주는지를 탐구합니다. 이는 마치 배우가 새로운 역할을 통해 다양한 인간 경험을 탐색하는 것과 유사합니다. 이 서적은 메타버스가 단순히 기술적 혁신을 넘어서, 우리의 예술적 표현과 인간성을 어떻게 풍부하게 할 수 있는지를 보여줍니다. 배우로서, 이 책은 나에게 메타버스가 새로운 형태의 스토리텔링과 캐릭터 구축에 어떻게 사용될 수 있는지에 대한 영감을 주었습니다. 모든 예술가와 창작자에게 이 책은 메타버스라는 새로운 창조의 영역을 탐험할 흥미로운 기회를 제공할 것입니다.

이재룡, 영화배우 겸 탤런트/대진대학교 겸임교수

중앙대학교 표준고위과정 6기 1팀의 산업통상자원부 장관상 수상과 출판을 축하드립니다. 새로운 기술에 대한 수요가 발현될 때마다 해당 기술에 대해 공통적으로 이해할 수 있는 선행 표준은 반드시 필요하다고 생각됩니다. 비록 메타버스라는 용어의 개념이 일찍 알려져 있지만, 그에 대한 이해의 폭은 모두 다를 수 있습니다.

『AI 시대 메타버스 기술과 표준화 전략』은 메타버스의 기술적, 정책적, 산업적 이해를 위한 동향과 관련 표준화 동향 등을 분석하고 있으며, 독자들은 이를 통해 메타버스에 대한 인사이트를 얻을 수 있으리라 확신합니다.

1년이란 기간 동안 표준에 대한 열의로 하나 되어 표준고위과정을 이수한 6기 구성원들의 노력을 직접 확인해 보시길 바랍니다.

임동기, 한국제품안전협회 전무이사

2021년 봄, 중앙대학교 '표준고위과정' 6기로 입학하였다. 그러나 코로나 19가 시작된 지 1년이 지난 시점이었지만 감염 확산이 심해질 때마다 격리 및 이동 제한, 심지어 정부의 '셧다운(shut down)' 정책이 명령되었다. 셧다운 정책은 우리에게 피할 수 없는 새로운 환경을 경험하게 하였고, '언택트 (untact)'라는 신조어를 급부상시키며 비대면 회의 및 모임, 원격교육 등 새로운 의사소통의 패러다임을 가져왔다. 물론 표준고위과정도 대면과 비대면을 번갈아 가면서 강의와 PBL(problem-based learning, 문제중심학습) 활동을 이어나갔다. 처음에는 비대면 수업환경이 낯설고 적응하기 어려웠지만 PBL 리더와 표준고위과정 지도교수님과 연구원님(팀원)들의 협조, 공저자들의 적극적인 참여와 협력으로 무사히 마칠 수 있었다.

이런 시대적 상황으로 인해 우리는 메타버스라는 키워드를 자연스럽게 받아들이게 되었고, 용어의 유래에서부터 의미 및 유형, 디지털 기술, 정책, 쟁점, 현안들까지 매주 한 번씩 원격 화상 수업으로 주제와 관련된 자료를 발표 및 토의하면서 아이디어를 모으고 의견을 도출하였다.

우리는 분야별 전문가(팀원)들 견해를 모아 3가지 분야로 나누어 정리해 보았다.

Part 1. AI 시대, 메타버스와 신기술 패러다임의 변화
 - 코로나 이후의 글로벌 환경 변화 (김홍택)
 - 정부 및 대내외 정책 동향 (김석무)
 - 메타버스 서비스 및 기술 동향 (이재영)

Part 2. 메타버스 기술 표준 및 제도 개선 방안
 - 클라우드 기반 기술 및 활용 (정현철, 박윤)
 - 메타버스 요소 기술 표준화 동향 및 개선 방안 (김홍택)
 - 온라인 교육기관 인증 표준화 (백남수)
 - 이머징 규제 Worst 3 개선 방안 (박준호, 김홍택)

Part 3. 메타버스 활용 방향 및 적용 사례

- 메타버스 기술의 군사적인 활용 (이종섭)
- 메타버스 교육 플랫폼 실제 활용 사례 (고가온)
- 메타버스 기반 미래 일자리 창출 정책 전망 (오성호)

코로나 비대면 시대를 거치며 '메타버스'라는 테마가 큰 이목을 끌었으나 2022년 '팬데믹'을 맞이하면서 경제 혼란과 본격화된 고금리 · 고물가 현상, 경기둔화 등으로 관련 기술에 대한 개발 · 투자 등이 상대적으로 다소 주춤 해졌다. '과연 메타버스 시대가 오긴 오는 것일까?'라는 의심마저 들게 했다.

2023년에는 확실히 메타버스를 둘러싼 경쟁적인 광고가 줄어들었다. 하지만 이를 퇴보로 오인해서는 안 된다. 매년 생성되는 가상세계의 수와 그곳에 존재하는 사용자 수, 그들이 소비하는 돈과 시간, 그 많은 공간이 문화적으로 미치는 영향력은 계속해서 늘어나고 있다.

최근 급증한 대규모 언어 모델 챗봇과 생성형(generate) 아트 플랫폼, 생성형 환경 엔진, 인조인간 같은 인공지능(AI) 등 AI 솔루션의 발전은 메타버스의 성장을 보여주는 훌륭한 예이고 중요한 역할을 하고 있다.

AI 시대에 들어오면서 메타버스 기술은 여전히 다양한 모습과 이름으로 성장하고 있다. 예를 들어 애플은 비전프로 헤드셋을 출시하면서 메타버스, 가상현실, 확장현실이라는 용어를 사용하는 대신에 공간컴퓨팅이라는 용어를 사용하고 있다. 이제는 용어가 아니라 어떤 가치를 생성하느냐에 따라 기술적 가치를 인식하고 집중해야 한다고 본다.

이 책은 향후 확장될 뉴노멀 시대를 바라보면서 AI와 메타버스의 역동적인 세계로의 초대장이며 동향과 영향에 대한 이해를 높이기 위한 안내서이다. 우리는 혁신적인 기술이 현재와 미래의 디지털 시대에 어떻게 중요한 역할을 하는지를 탐구한다. AI와 메타버스의 결합이 우리의 삶, 비즈니스, 교육 및 사회에 미치는 영향을 이해하고, 이러한 혁신의 도전에 대비하여 어떻게 대응할 수 있는지에 대한 통찰력을 제공할 것이다. 함께 이 책을 통해 AI 시대와 메타버스의 미래를 엿보며 혁신을 생각해 보았으면 한다.

우리는 각 분야에서 전문성을 가진 전문가이자 각자 생활 방식과 직업이 모두 다르지만, 이러한 다양한 배경과 경험을 공유하면서 더 큰 시야를 확보하게 되었다.

인공지능, 웹3, 블록체인, XR, 메타버스는 서로 다른 것이 아니라 공통부분을 가지고 함께 성장하고 있고, 다른 기술 안에서 활용되며 기능 범주를 확대하고 있다. 이런 변화에 발맞춰 우리와 우리 다음 세대가 디지털 세계를 더 잘 이해하고 활용할 수 있도록 도움을 주고자 한다. 우리는 이 세상의 미래를 위해 지식과 경험을 공유하며 함께 성장하기를 고대한다.

김영미, 왕영혁

목차

I

과제 선정 배경

박준호

최근 들어 구글, 페이스북, 마이크로소프트 등 글로벌 IT기업들은 현실의 감각을 시공간을 넘어 확장 증폭하려는 시도인 가상현실(VR), 증강현실(AR) 및 혼합현실(MR) 등에 대한 대규모 기술 투자를 아끼지 않고 있다. 그래서 이들 기술을 통칭해서 확장현실(XR: Extended Reality)이라고 지칭하는 기술의 재부상과 그 경제적 잠재력에 대한 긍정적 전망과 함께 기존의 게임뿐만 아니라 다양한 분야와 융·복합을 통해 현실의 제약을 벗어나 새로운 경험을 안겨줄 수 있다. 그리고 코로나19(Covid-19)가 가속화시킨 셧다운 정책이 국가로부터 발의된 '타의적 고립'의 맥락이었다면 이 과정상의 경험은 국민에게 '자의적 고립'을 추구하는 경제, 즉 '셧인 이코노미(Shut-in Economy)' 현상을 불러오고 있다. 셧인 이코노미란 '스스로 가두다'라는 사전적 의미를 바탕으로 외부와 물리적 소통을 차단하고 개인화된 공간상에서 경제 사회 활동을 영위한다는 의미로 이해할 수 있으며, 이러한 셧인 이코노미가 부상하면서 셧다운보다 더 전향적이고 가속화된 경제·사회적 변화가 예측되고 있다. 이는 다시 새로운 디지털 사회와 문화에 대한 욕구가 결합하여 메타버스에 대한 대중적 관심이 대폭 증가하고 있다. "메타버스가 오고 있다(The Metaverse is coming)"라는 표현은 2020년 4월 메타버스의 재부상에 주목하여 테크놀로지 뉴스 웹사이트인 벤처비트(VentureBeat)가 마련한 온라인 좌담회의 제목으로 가장 먼저 사용되었으나, 엔비디아의 CEO인 젠슨 황(Jenson Huang)이 옴니버스 베타 출시 시 사용하면서 최근 관용구처럼 폭넓게 사용되고 있다.

메타버스(the Metaverse)란 용어의 유래는 닐 스티븐슨(Neal Stephenson)이 1992년 발표한 소설인 『스노 크래시』에서 처음으로 사용된 용어로 작가에 따르면 해당 소설 속에서 메타버스는 가상세계의 대체어로, 컴퓨터 기술을 통해 3차원으로 구현한 상상의 공간을 의미하고 있다. 개념적 발전 측면에서 살펴보면 1999년에 미국의 미래학자인 John Smart 박사에 의해 설립된 비영리 단체로 기술 발전과 그에 따른 미래사회 변화에 대한 인식 제고, 교육, 연구, 옹호활동 등을 광범위하게 수행하고 있는 미국 기반의 가속연구재단(ASF: Acceleration Studies Foundation)에서 2007년에 발표했다. 메타버스 로드맵 서밋, 설문조사, 위키 등을 통해 수집한 전문가 및 대중의 의견을 바탕으로 작성한 메타버스 관련 기술과 이슈에 대한 미래 예측 보고서인 『메타버스 로드맵』에서 그 대안적 개념을 제시하였다. 메타버스를 기존의 현실세계의 대안 또는 반대로 보는 이분법적 접근에서 벗어나, 현실세계와 가상세계의 교차점(junction) · 결합(nexus) · 수렴(convergence)으로 이해할 것을 제안하고 있다. 이러한 개념적 발전은 가상 환경의 구현과 이용에 있어서 사물 · 기기, 행위자, 인터페이스, 네트워크 등 현실세계의 요소들이 필수적으로 수반되는 데에 따르고 있다. 최근에는 일부 용례에서 메타버스와 가상세계를 동일한 개념으로 간주하고 있으나, 「메타버스 로드맵」의 지속적인 영향력으로 현실세계와 가상세계가 융합되는 현상으로 보는 것이 일반적이라고 할 수 있다.

메타버스의 대표적인 4가지 유형으로는 크게 증강현실, 거울세계, 라이프로깅, 가상세계로 분류되며 각 유형은 명확하게 분리되기보다는 점차 유형 간 경계가 허물어지는 경향을 보이고 있다. 첫 번째로, '증강현실'은 이용자가 일상에서 인식하는 일반적인 물리적 환경에 가상의 사물 및 인터페이스 등을 겹쳐 놓음으로써 만들어지는 혼합 현실이다. 대표적인 서비스 예로는 2016년 나이언틱(Niantic)이 닌텐도와 합작으로 출시한 게임으로 개발된 지 5년이 지났으나 엔터테인먼트 분야에서는 현재도 증강현실 대표 서비스로 꼽히고 있는 포켓몬고 (나이언틱)이 있다. 나이언틱은 구글 어스의 전신인 어스뷰어(EarthViewer)를 기반으로 성장한 회사로 공간정보, 3D 모델링, 증강현실 기술에 대한 전문성에 기반하여 '12년 최초의 위치 기반 증강현실 게임인 인그레스(Ingress)를 출시한 바 있으며, 포켓몬고는 전작에 스토리와 문화적 감수성이 더해져 다양한 이용자에 소구하는 대표 게임으로 발전하였다. 또 다른 사례는 네이버가 증강현실 카메라 앱인 스노우(SNOW)를 별도 법인으로 분사시켜 제공 중인 증강현실 아바타 서비스로 2018년 출시 후 2021년 1월까지 전 세계적으로 1억 9천 명의 누적 가입자를 확보하고 있는 제페토(네이버Z)로서 AI 기반 안면인식 기술을 통해 3D 아바타를 생성하는 것에서 나아가 제페토 월드를 구축해 셀레브리티 아바타와의 소통 기능 및 소셜미디어 기능 등을 추가하여 증강현실과 가상세계 및 라이프로깅이 모두 결합된 통합 서비스로 확장되어 운영되고 있다.

두 번째로, '거울세계'는 물리적 세계를 가능한 한 사실적으로 재현하되 추가 정보를 더한 "정보적으로 확장된(informationally enhanced)" 가상세계로서 대표적인 서비스 예로는 구글이 2004년 인수한 키홀(KeyHole)의 어스뷰어 서비스를 전신으로 하며, 위성 이미지를 3D로 재현하여 실제 공간 정보를 제공하는 대표적 거울세계 서비스인 구글 어스(구글)로서 어스스튜디오, 어스엔진, 어스VR 등의 응용 서비스를 통해 영상 제작, 시간별 공간 변화 파악, 지형·기후 자료 수집, VR 체험 등이 가능하다. 또 다른 사례는 업랜드미(Uplandme)에서 2019년 출시한 가상의 부동산 게임인 '업랜드'로 대체불가토큰(NFT)을 사용하여 부동산 투자 및 거래가 가능하며, 2020년 미국 대선일에 업랜드상에서 트럼프 타워를 경매에 부치고, 같은 해 10월부터 실제 통화와 업랜드상의 부동산 간 거래를 가능케 하는 등 기존의 현실세계와의 연동성을 높이며 사업 확장을 하고 있다.

세 번째로, '라이프로깅'은 인간의 신체, 감정, 경험, 움직임과 같은 정보를 직접 또는 기기를 통해 기록하고 가상의 공간에 재현하는 활동으로 대표적인 서비스로는 페이스북이 2016년에 360도 사진 및 영상을 게시할 수 있게 하는 '페이스북360' 서비스를 도입하였으며, 2017년 자회사인 오큘러스(Oculus) 기기를 통해 콘텐츠를 이용할 수 있도록 공식 앱을 출시하였다. 페이스북은 2018년 디지털 비디오카메라 제조사인 RED와 합작으로 3D 비디오 카메라를 출시하는 등 또 다른 사례는 나이키사의 나이키에서 2009년 출시한 앱인 '트레이닝 클럽'으로 플랫폼-3D 기기-이용자 콘텐츠를 유기적으로 연동하는 서비스 추진 중에 있으며, 2000년대 말부터 부상한 자기수치화(Quantified Self) 운동의 연장선상에 있는 서비스로 개인별 맞춤형의 피트니스 프로그램을 제공하며, 이용자는 개인이 달성한 기록을 소셜미디어를 통해 공유할 수 있다.

마지막으로, '가상세계'는 디지털 기술을 통해 현실의 경제·사회·정치적 세계를 확장시켜 유사하거나 혹은 대안적으로 구축한 세계로서 대표적인 사례는 2003년에 린든랩(Linden Lab)이 출시한 온라인 가상세계 서비스인 '세컨드라이프'로 로블록스, 마인크래프트 등에 앞선 초창기 샌드박스형 서비스로 정부기관, 민간기업, 교육기관 등의 디지털 트윈 구축, 공연·전시회 개최, 가상 일자리 제공, 현실세계 화폐와의 환전 시스템 도입 등 메타버스 비즈니스 모델의 원형을 제공하고 있다.

또한, 에픽 게임즈(Epic Games)가 2017년 출시한 3인칭 슈팅 게임으로서 최근 가장 주목할 만한 메타버스 서비스로 성장한 '포트나이트'로 실제 유명 뮤지션과 협업한 콘서트 개최, 패션 브랜드(나이키, 루이비통 등)와 라이선스를 맺은 스킨 출시, 업무 회의 공간 제공 등 게임을 넘어 현실과 가상을 잇는 종합적 문화·생활 서비스로 성장하였으며, 에픽 게임즈의 CEO인 팀 스위니(Tim Sweeney)는 오픈 메타버스의 옹호자로 포트나이트를 크로스 플랫폼 게임으로 성장시키는 한편, 이용자 관점에서 자유로운 이동이 가능한 메타버스 생태계 구축을 위한 논의를 확산하고 있다.

글로벌 국가별 관련 정책 방향을 살펴보면, 우리나라의 경우, 산업혁신과 경제성장의 동력으로서 XR에 주목하는 가운데 관계부처 협력을 통해 기술적·사회적·문화적 관점에서 종합적으로 접근하고 있으며, 기술·사회 측면에서는 2020년 「가상융합경제 발전 전략」을 수립하고 경제 사회 전반의 XR 활용 확산, XR의 고도화와 확산을 위한 핵심 인프라 확충, XR 기업의 글로벌 경쟁력 확보를 추진 방향으로 설정하고 있다. 문체부는 2019~21년 실감형 콘텐츠 육성 예산을 대폭 늘리고(261→974→1,355억 원) 문화·관광·체육 분야의 콘텐츠 생산 기반을 마련하고 있으며, 유럽연합(EU: European Union)은 조직·지원과 연구·혁신으로 분야를 나누어 유럽의 XR 산업 성장을 위한 이니셔티브를 추진하고 있으며, 유럽집행위원회(EC: European Commission)는 2018년 XR4ALL 플랫폼을 구축하고 XR 기술 커뮤니티 조직, XR 기술 및 연구 아젠다 발굴, 혁신 프로젝트 보조, 투자·기술 이전 지원의 역할을 수행하여, '19년부터 약 23.4백만 유로를 투자하여 교육, 돌봄, 건강, 건설업, 인더스트리 4.0 등의 분야에 적용될 XR 기술 개발에 착수하고 있는 추세이다.

미국의 경우 역시 상무부, 국방부, 보건복지부, 국토안보부 등의 정부 부처와 독립기관으로 구성된 NITRD(Networking and Information Research and Development) 프로그램 중심으로 1990년대부터 XR 기술 정책을 추진하여 1990년대의 원천기술 개발 지원 단계, 2000년대~2010년대 중반까지의 VR 기술 확산 단계를 지나 현재 AR 시스템 및 AI 융합에 초점을 두고, 과학·공학·교육 분야에서 광범위하게 혁신을 도모하고 있다.

쟁점이 되고 있는 사회-기술적 현안으로는 먼저 영국 기업인 크루서블(Crucible)에서 인간 중심의 기술 개발과 이용자 주권 확립을 기업철학으로 삼고 오픈 메타버스를 구축할 수 있는 Emergence SDK를 개발하는 한편, '오픈형 메타버스' 구축을 위한 컨소시엄인 「Blueprints for the Open Metaverse」를 운영한 바 있으며, 최근 들어 가상화폐, 아바타, 객체, 플랫폼 등의 자유로운 이동이 가능한 이용자 중심의 오픈 메타버스 생태계 구축의 필요성이 부상하고 있다.

또 다른 측면에서 살펴보면, 메타버스 내에서 유통되는 콘텐츠의 소유권, 아바타를 통한 불법적 행위, 논플레이어캐릭터(NPCs: Non-Player Characters)에 대한 인격권 부여, 광고·사기 등의 이슈가 존재하고 있으므로 메타버스 내에서도 현실세계의 법·제도·사회규범을 그대로 적용할 수 있는지의 여부, 그 논의와 결정을 이끌고 갈 메타버스 거버넌스 구축에 대한 사회적 논의와 검토가 필요한 상태이다. 글로벌 몰입형 기술의 대표 기업을 대상으로 한 설문에서 관련 기술 및 콘텐츠의 개발 시 이용자 보호와 데이터 보안이 가장 우려되는 법적 위험으로 조사됨에 따라 일반적으로 시선, 뇌파, 생체 신호 등 민감한 개인정보 수집의 범위가 확장되고 통제권을 행사할 수 있는 개인정보에 대한 확인이 어려워지면서 개인정보 수집·활용 및 보호에 대한 법적·윤리적 이슈도 부상되고 있다. 또한 엔터테인먼트 소프트웨어 협회(ESA: Entertainment Software Association)의 CEO인 스탠리 피에르-루이스(Stanley Pierre-Louis)는 차별 없는 이용자의 유입을 위해 업계 인력의 다양성 확보, 포용적 리더십 및 기업 문화 형성의 중요성을 강조하고 있으며, XR 기술이 여가·레저의 목적을 넘어 공공 서비스에 활용될 계획이 확대됨에 따라 이용자들의 다양성에 따른 수용성 확보 및 포용적 서비스 도입의 필요성이 제기되고 있는 추세이다. 마지막으로 1990년대 AOL(American Online)의 채팅방에서 모니터 활동을 하던 커뮤니티 리더들은 활동에 대한 대가를 받기 위해 AOL을 상대로 소송했으며, 2010년 AOL이 총 1,500만 달러를 지급하는 데 합의한 바 있으며, 현재에도 디지털 노동의 개념과 가치에 대한 논쟁은 지속되고 있으므로 메타버스 내 아이템 제작·판매, 가상세계 규율 관리, 가상 부동산 투자·거래 등 새로운 유형의 노동이 생겨나면서 노동권의 보장과 납세의 의무와 같은 노동현안 발생 가능성에도 본 PBL 활동 계획서상 주요 Activity 수립 시에 주안점을 두었다. 전 세계적으로 메타버스에 대한 논의는 2007년 ASF가 「메타버스 로드맵」을 발표한 후 점진적으로 발전해 왔으나 엔비디아(NVIDIA)가 2020년 개방형 3D 디자인 협업 플랫폼인 옴니버스(Omniverse) 베타버전을 출시하며 증폭되었으며, 메타버스의 재부상은 최근 5~10년간 있었던 사회·문화·경제·기술적 요인의 복합적 작용에 기인한 것으로 분석되고 있다. 따라서 본 PBL 최종보고서에서는 관련 신기술 연구, 신사업화 동향 및 실제 적용 사례 등을 바탕으로 메타버스 개념 및 유형, 메타버스를 둘러싼 기술적·경제적·사회적 새로운 기회와 새로이 잠재적인 이슈로 대두되고 있는 이머징 표준화 Rule-making 관점에서 예상되는 현안들에 대한 도출, 리스크 분석을 통해 구체적인 대안을 제시하고자 하였다.

II

AI 시대,
메타버스와 신기술
패러다임의 변화

1. 코로나 이후의 글로벌 환경 변화

　현재의 코로나19 바이러스에 의한 팬데믹(범유행) 현상은 끝을 알 수 없는 상태로 진행되고 있다. 세상을 멈춰 세운 것은 보이지 않는 바이러스다. 인간의 무모한 개발이 동굴에서 박쥐와 공생하던 바이러스의 생태계를 파괴하자 바이러스가 변형을 일으켜 인간을 공격한 것이 이 사태의 본질이고 세계화의 이름으로 구축된 글로벌 공급망이 바이러스 전파 통로가 되면서 의료시스템이 붕괴될 정도로 급속한 확산을 일으킨 것이 코로나19 팬데믹을 진단한 결과다. 백신 및 치료제가 잇달아 개발되고, 백신 접종률이 높아

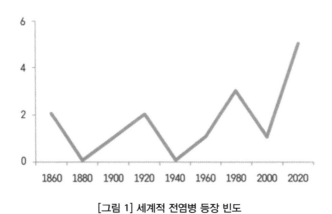

[그림 1] 세계적 전염병 등장 빈도

가면서 이제는 감기 및 독감처럼 코로나 바이러스가 인류 생활에 있어서 함께할 수밖에 없는 하나의 질병으로 간주하는 'With Corona' 현상으로까지 진화하고 있다. [그림 1]은 세계적 전염병 등장 빈도를 보여주고 있다.

코로나19 바이러스가 지역적이 아닌 전 세계적으로 확산되어 팬데믹 사태를 불러들인 결과 쉽게 사라질 것 같지 않은 코로나19, 다시 반복될 것이라는 팬데믹 쇼크라는 정신적 충격을 지속적으로 가하고 있다. 따라서 인류는 위드(With) 및 애프터(After) 코로나 시대를 준비해야 한다. 디지털 트랜스포메이션과 함께 찾아온 코로나 시대는 소비의 방식도, 교육의 방식도, 일상의 생활도 모두 달라진 사회라고 할 수 있다. 이렇게 달라진 사회 속에서 인류의 삶을 대변하는 가장 친근한 용어는 '비대면(Untact)'을 떠올리게 된다. 대면이 필요한 경우는 2미터 이상의 거리를 두기 등 코로나19 바이러스 감염 예방을 위한 타의적·자의적 정책과 조심성은 학교(학습), 업무(회의 및 출장 등), 경제 등 모든 분야에서 비대면을 일상적인 현상으로 만들었으며, 인류는 이를 'New Normal'이라는 새로운 인류 삶의 모습으로 표현하고 있다. [표 1] 및 [그림 2]는 이러한 환경의 변화를 잘 묘사하고 있다.

[표 1] 코로나 이후 6대 글로벌 트렌드

6대 트렌드	21대 이슈	코로나 이후 주요 변화
(경제·일상) 비대면 사회, 거리의 탄생	생산·소비·유통 변화	생산성 향상을 위한 자동화에서 안정성 확보를 위한 생산·유통 전 과정 무인화, 온라인 소비 트렌드확산
	일과 노동구조 변화	육체노동의 자동화에서 지식노동의 자동화·원격화 확산 및 알고리즘 노동, 플랫폼 노동 증가 우려
	인간관계 변화	느슨한 연대를 추구하는 개인화 경향에 사람과 만남 자체를 피하는 접촉 포비아가 더해져 개인화 추세를 더욱 강화

6대 트렌드	21대 이슈	코로나 이후 주요 변화
(사회·정치) 분열의 공동체, 큰 정부의 귀환	소득 불평등	소득 격차가 낳은 공동체 와해 위협을 줄이기 위한 정부의 시장개입 강화
	집단적 혐오·갈등	전염병 확산 대응 과정에서 타인에 대한 경계를 넘어 성별, 연령, 인종에 따른 혐오와 갈등 증폭
	정보 편향·오염	AI 미디어 큐레이션이 만드는 초개인화된 정보편향, 지능적인 정보 오염이 부추길 공동체의 분열과 혼란
(리스크) 미지의 위험, 예견된 재앙	미지의 위험, 블랙스완	과도하게 연결된 복잡성으로 인해 전 지구적 스케일의 파괴력을 지닌 블랙스완 사건 빈번 발생
	오래된 위험, 예견된 재앙	오래전부터 경고 또는 이미 예견된 회색 코뿔소로서의 세계적 위험이 대재앙이 되지 않도록 사전 준비 필요
	미래위험 대응과 기술의 역할	블랙스완에서부터 회색 코뿔소에 이르는 미래 위험 대응 역량을 높이기 위한 미래연구와 디지털 기술 활용 전략 마련
(공급망) 세계화의 반작용, GVC 재편	탈세계화와 지역화	글로벌 공급망의 유연성과 안정성 확보를 위한 지역화로 전환 본격화 및 제조업 리쇼어링 확산
	자국 생산 강화	국가안보 관점에서 식량, 보건·의료, 생필품, 에너지의 공급망 확보 및 자국 생산 기지화 확대
	공급망의 디지털화	원자재 조달, 생산, 유통, 최종 소비자에 이르는 전 과정에서 유연성 확보를 위한 완전 디지털화 전환
(국제관계) 충돌의 연속, 협력의 미래	미·중 충돌 확산	두 나라 간 무역분쟁은 코로나19 이후 기술, 경제, 정치, 군사, 이념 갈등 등 전방위 확대
	유럽 퇴조, 아시아 부상	미국-중국의 복잡한 이해관계로 인해 느슨해지고 약해지는 유럽의 결속력과 아시아 국가들의 부상
	디지털 장벽의 부활	국가 간 무역 충돌이 강대국 간 디지털 패권으로 이어지면서 미국·중국 중심으로 인터넷 세상이 분열 조짐을 보임
	국제질서와 협력의 미래	장기간 미·중 충돌이 낳을 자유주의 국제질서의 변화와 새롭게 펼쳐질 국가 간 협력 방식 형성
(기술) 모든 것의 디지털, 속도와 방향	기술의 역할	삶의 보조적 도구에서 생명과 생계유지를 위한 생존의 필수품으로서 디지털 기술의 역할 재정립
	기술의 속도	기업과 정부투자 강화, 사회적 수용성 제고 등 기술 확산 기간이 압축적으로 빨라지며 사회 변화 가속
	기술의 방향	코로나19로 드러난 다양한 사회적 요구를 해결하고 미래 위험에 대비하기 위한 신기술 개발 압박 강화
	데이터 혁신과 주권	모든 것이 데이터로 정의되는 완전 디지털 사회에서 데이터 기반 혁신 강화와 데이터 주권 확보
	ICT 기업과 국가의 힘	글로벌 ICT 기업의 규모와 영향력 확대, 강대국 간 기술민족주의 부상으로 정부의 역할 강화

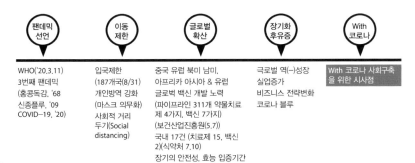

팬데믹(pandemic) 이후 글로벌 사회의 변화

팬데믹 선언	이동 제한	글로벌 확산	장기화 후유증	With 코로나
WHO('20.3.11) 3번째 팬데믹 (홍콩독감, '68 신종플루, '09 COVID-19, '20)	입국제한 (187개국(8/31) 개인방역 강화 (마스크 의무화) 사회적 거리 두기(Social distancing)	중국 유럽 북미 남미, 아프리카 아시아 & 유럽 글로벌 백신 개발 노력 (파이프라인 311개 약물치료제 4가지, 백신 7가지) (보건산업진흥원(5.7)) 국내 17건 (치료제 15, 백신 2)(식약처 7.10) 장기의 안전성, 효능 입증기간	극로벌 역(-)성장 실업증가 비즈니스 전략변화 코로나 블루	With 코로나 사회구축을 위한 시사점

[그림 2] 팬데믹 이후 글로벌 사회의 변화

오늘날과 같은 고도로 발달된 ICT 기술은 비대면 사회활동을 가능하게 해 주고 있으며, 아울러 ICT 기술을 더욱 고도로 발전시키는 견인차 역할을 한다는 것은 하나의 아이러니라고 표현할 수밖에 없다. 따라서 본 절에서는 코로나19 바이러스에 의한 팬데믹 상황하에서의 인류 생활을 둘러싼 환경의 변화를 고찰하고자 한다.

◎ 원격경제의 일상화

실리콘밸리 벤처투자자들이 생각하는 큰 화두는 코로나19로 인해 공유경제는 지고 원격경제가 부상할 것인가이다. 지난 10년간 공유경제들이 각광 받았지만 최근 코로나19 사태 이후 공유경제는 침체되어 있고 반면 영상회의 솔루션이나 원격교육, 원격의료, 원격소비, 원격운동 서비스 등의 주제가 부상하고 있다. 코로나19는 전 세계가 추진해 오고 있는 4차 산업혁명에도 영향을 미치고 있다. 특히 공유경제에 대한 타격이 심하다. 사람의 이동과 관련한 우버 및 리프트 등의 주가가 큰 타격을 받았고, 에어 비엔비의

손실이 기하급수적으로 불어남에 따라 신규 고용과 마케팅을 중단했을 정도이다. 한때 500억 달러로 평가되던 위워크가 2019년 말 기업가치가 80%로 급락하고, 공유 사무실을 꺼리는 추세 때문에 감원을 지속하는 한편 소프트뱅크는 약속했던 투자를 주저하고 있다. 그러나 사스가 시작됐던 2002년부터 배달음식 회사들이 하나둘 등장하기 시작한 후 그 회사들이 큰 기업 가치를 인정받을 때까지 매우 오랜 시간이 걸렸음을 상기해 보면 공유경제의 퇴보와 원격경제의 급부상은 속단할 단계는 아니며 좀 더 지켜본 후에 판단해 볼 문제다. 그러나 이미 원격경제는 시작됐다고 보아도 될 것이다.

◎ 원격근무와 원격화상회의 등장

바이러스가 세상을 멈추게 하고 경제 생태계를 마비시켰다. 모든 기업이 위기라고 말하는데, 위기에는 반드시 끝이 있고 어떤 형태로든 수습된다. 코로나19 사태 를 맞아 재택근무와 온라인 인터넷 강의가 일상화하면서 공간적 한계를 극복하기 위한 다양한 클라우드 기반 서비스가 주목받고 있는데, 원격화상회의, 배달 서비스가 대표적 사례다. 원격근무에서 사원이 자택에서든 출장지에서든 주어진 업무를 수행하여 일정 수준 성과를 만들어 내면 된다. 이런 원격근무가 하루아침에 일상이 되었다. 원격화상회의가 뜨면서 나스닥에 상장된 줌은 폭증한 수요로 코로나19 이전보다 주가가 2배로 뛰었다. 코로나19를 맞이한 계기로 우리는 대면회의 문화를 바꿀 때가 되었으며, 대면회의 한 번에 원격회의 몇 번 하는 업무방식은 글로벌 기업들에는 필수적인 업무방식으로 자리 잡고 있다.

◎ 인터넷 강의가 보편화

온라인 인터넷 강의는 교수와 학생 모두에게 교육에 대해 다시 생각하는 기회를 가져왔다. 이미 스탠퍼드대는 1980년대부터 산업체 근무 학생들의 원격 수강을 위해 인터넷 강의를 제공해 왔다. 온라인과 대면강의의 결합도 가능한데, 스탠퍼드 대학교의 앤드루 응, 대프니 콜러 교수는 2012년 MOOC(Massive Open Online Course, 온라인 공개수업) 기업 코세라를 탄생시켰다. 이 외에도 우리가 잘 이용하는 TED(강연회의 동영상 자료 시청 가능)도 세계 지식인의 사랑을 받고 있다. 코로나19 상황에서 전 세계가 온라인 학습에 주목하고 있는 것은 당연하다. 코로나19로 학교에서 공부하는 방식이 바뀌고, 감염병의 장기화에 대비하여 원격교육을 과감하게 준비하고 있다. 온라인 교육 방식을 초·중·고 교육에도 적용해야 한다. 그러나 코로나19 사태를 맞아 우리나라 온라인 교육 환경의 열악함은 지금까지 경험하지 못한 황무지 상태에서 시간 때우기식의 미흡함을 면치 못하고 있다. 초등 저학년일수록 교육 콘텐츠 부족과 돌봄자 애로 때문에 형식적 교육임을 여실히 보여주고 있어 안타까움을 면치 못하고 있는 실정이다. 우리들 학교에서는 2011년 개발된 3세대 시스템을 사용하고 있는데 우리나라 교육 시스템은 디지털 환경의 급속도 발전과 더불어 발전을 하고 있다. 개별 학교가 자율적으로 학습관리 프로그램이나 첨단 교보재, 교육 소프트웨어를 직접 구매하도록 하고, 에듀테크의 선진화를 통하여 교사 개개인은 에듀테크 전문가로 변모하여야 하며, 변화된 교실과 향상된 수업의 질을 학생들이 누리게 되는 세상을 제공하여야 한다. 이번 코로나19 사태를 겪으면서 우리의 배움 방식을 아날로그에서 디지털로 완전히 탈바꿈하겠다는 결단과 그 변환 속도 가속화가 요구된다.

◎ 여행 · 강의 · 취업도 온라인으로

휴넷이 코로나19로 인해 '사회적 거리두기'가 진행되는 동안 비대면 사회에 발맞춘 여행 관련 콘텐츠를 선보여 사람들의 관심을 끌어모으고 있다. 코로나19로 인해 바깥 활동이 어려워지면서 벚꽃길 영상라이브, 가상(VR) 현실 여행, 방구석 1열 콘서트 등 비대면 문화 활동을 즐길 수 있는 분야, 부담 없이 시청할 수 있는 인문 · 교양 · 영어 분야의 강의 관련 콘텐츠, 원격근무 형태의 '리모트 워크' 등이며, 각 콘텐츠는 10분 내외 마이크로러닝 형태로 제공되어 짧은 시간에 집중력 있게 시청할 수 있게 제공되고 있다. 또한 사회복지사 2급 취득 전략 설명회를 유튜브 온라인 라이브로 개최하여 대표적인 평생 자격증으로 손꼽히는 사회복지사 2급 자격 취득에 필요한 이론 및 실습 전 과목을 제공한 바 있으며, 온라인과 모바일로 편리하게 학습할 수 있어 공부 시간이 부족한 직장인과 전업주부 등으로부터 많은 인기를 끌어모으고 있다.

◎ 원격의료사업의 본격적 대두

우리나라가 진작부터 의료시스템에 원격의료가 도입되어 있었다면 코로나19 희생자를 훨씬 많이 줄일 수 있지 않았을까 하는 가정을 해 볼 수 있다. 왜냐하면 코로나19 바이러스의 전염 우려 없이 집에서 검진을 할 수 있었다면 환자가 급증했던 대구 · 경북 지역의 병실 대기 사태 시 사망자를 살릴 수 있었다는 개연성이 충분히 있기 때문이다. 한편 우리나라의 의료시스템을 살펴보면, 전국 감염 전문의는 우리나라 총 의사 중 0.3%에 지나지 않으며, 응급의학 및 외과 의사들의 만성적 부족 사태가 지속되고 있으며 피부과, 성형외과 등에는 의사들의 몰림 현상을 보이고 있다. 또한 의과대학

입학 정원이 13년째 동결되어 있으며, 간호사도 6년 새 2,000명 늘었으며, 의사의 60%가 6대 광역시에 밀집된 것도 문제로 지적된다. 신종 감염병 및 고령사회를 대비하여 의사와 간호사 인력의 대폭 확충이 필요하다. 이런 우리나라의 의료시스템하에서 원격의료는 비대면으로 전염을 방지하며 의료 지원을 효율적으로 활용할 수 있는 것이 핵심이며, 의료비용 절감 및 의료 쏠림 현상 완화를 해소할 수 있는 수단으로도 활용될 수 있다. 미국에서 원격의료의 시장규모는 570억 달러(약 62조 원)로 추정되고, 중국에서 원격의료는 현재 전체 진료의 10% 정도(267억 위안, 약 4.5조 원)를 차지하고 있는 것으로 추정된다. 글로벌경제 성장을 이끄는 미국과 중국이 의료 헬스케어 원격진료 시장의 성장을 이끌어가고 있는데, 우리나라도 원격의료 규제를 풀고 한시바삐 원격의료 사업을 신산업으로 태동시켜야 한다.

◎ 유발 하라리가 얘기하는 코로나19 이후의 세상

이스라엘 태생의 역사학자이며 '사피엔스', '호모데우스'등의 대표적인 저서로 잘 알려진 유발 하라리 교수가 파이낸셜타임즈 기고문(아래)에서 발표한 내용을 살펴보면 코로나19 이후의 세상이 어떻게 변모할지에 대해 나름대로 가늠하는 데 도움을 얻을 수 있다.

코로나 바이러스로 인해 정부와 개인이 내리는 선택이 보건문제에만 국한하지 않고 경제와 정치 그리고 문화를 바꿀 것이다. 폭풍은 지나갈 것이고 인류는 대부분 생존할 것이지만 우리가 사는 세계는 많이 달라질 것이다. 사회적 실험으로 대부분의 대기업이 재택근무를 하거나, 대부분의 대학이 원격강의를 하면 어떻게 될까? 평상시 같으면 동의할 수 없으나 코로나19 같은 비상사태에서는 두 가지 중요한 결정을 피할 수가 없다. 전체주의적 감시체계냐, 시민자율권을 지켜나갈 것이냐의 결정이다. 개인정보를 포기하면서 건강을 결정토록 강요받는다. 다른 한편으로는 국가가 검사를 광범위하게 하고 정보공개를 투명하게 하면서 시민의 자율적 협조를 구하는 방식이다. 이번 코로나19 사태에서 일상화된 사태다. 과거는 불가능했는데 지금은 가능한 증거를 중국에서 찾아볼 수 있다. 중국 정부는 QR코드를 활용한 유비쿼터스 장치와 강력한 알고리즘을 동원하여 사람들의 스마트폰을 감시하고 얼굴을 식별할 수 있는 수백만 대의 CCTV를 동원하고, 사람들에게 체온을 재고 건강상태를 보고하도록 강제함으로써 신속하게 보균자를 식별해 낼 수 있으며, 이들이 접촉한 사람들을 신속히 찾아낼 수 있었다. 모바일 앱을 통해 사람들에게 자신이 감염자 근처에 있는지 쉽게 확인할 수 있었다. 이로 인해 전염병의 확산을 막는다.

유발 하라리 교수는 인간에 대한 감시기술 자체가 전염병 팬데믹을 맞아 근접감시에서 밀착감시로 전환됨으로써 개인에 대한 감시체제가 정부가 마음만 먹으면 전체주의적 정권의 탄생과 유치에 필요한 토대를 마련하는 데 악용될 수 있다고 우리에게 경고를 보내고 있다. 코로나19를 극복하고 난 이후에도 생체학 신호를 포착하고 추적해 기록하는 감시체제는 계속 살아남아 우리를 옥죌 수 있다고 본 것이다. 정부와 기업이 우리의 생체정보를 대량으로 수집하게 된다면 우리가 우리 자신을 아는 것보다 우리를 더 잘 알 수 있게 된다는 우려다. 그러나 유발 하라리 교수는 코로나 바이러스를 막고 건강을 지키기 위해 전체주의적 감시체제를 동원하지 않아도 된다고 주장했다. 그는 시민적 역량 강화를 통해서 가능하다고 봤다. 그는 일부 국가에서 추적을 위한 시스템을 동원했지만 보다 중요하게 폭넓은 테스트와 투명한 정보공개 그리고 시민들의 자발적인 참여로 코로나19 팬데믹을 막을 수 있었다고 봤다.

◎ ICT 기술 발전의 가속화

신종 코로나가 우리 사회와 인류사회에 끼치는 영향은 매우 크고 다양하다. 흑사병으로 르네상스가 촉발되었듯이, 신종 코로나가 끼치는 영향은 신종 코로나 백신과 치료제 개발에 그치지 않을 것으로 전망된다. 이번에 바뀌지 않으면, 다가올 다른 신종 전염병에 의해서라도 바뀔 것이다. 그리고 변혁을 가능하게 하는 근저에는 디지털 혁명이 있다. ICT(디지털) 기술이 코로나19의 확산으로 인하여 '비대면'문화가 일상화됨에 따라 인류의 삶을 지속 유지할 수 있는 동력이라는 것은 지난 2년 가까운 시기를 보내면서 학습하였다. 만약 코로나19 팬데믹이 20년 전에 발생하였다면 인류의 삶은 마비가 되었을 것이라는 상상도 해 본다. 오늘날 비대면 업무를 위해서 줌 등의 원격 화상회의 시스템을 사용하고 있고, 비대면 학습을 위하여 서버 및 콘텐츠 관리 시스템 등 원격 강의시스템을 구축 또는 보강을 서둘러 추진하였다. 이를 가능하게 한 것은 CPU, 메모리 등 가격 대비 컴퓨터 하드웨어 성능의 향상, 고도로 발달한 소프트웨어 기술, 스마트폰을 포함한 모바일 기기의 확산과 5G 통신기술 등이 그 견인차 역할을 해 오고 있다. 오늘날의 ICT 기술 발전 추세는 최근 4차 산업혁명이라는 개념의 등장과 더불어 모든 분야에서의 ICT 기술 도입 및 강화가 이루어지고 있는데, 코로나19 팬데믹은 그 속도를 더욱 가속화하고 있다.

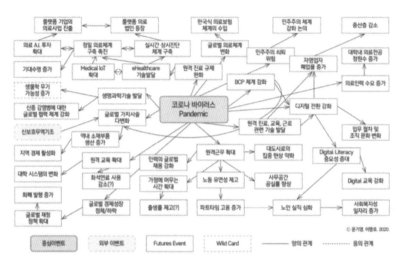

[그림 3] 신종 코로나 바이러스 팬데믹 선언으로 인한 미래전개도

코로나19 이후 다양한 변화가 전망되고 있다. 공통된 견해는 비대면 비즈니스 증가, 원격진료 규제 완화, 글로벌 가치사슬 변화 등을 들고 있으며, 이들 변화를 전반적으로 전망하기 위해 미래전개도(위의 [그림 3] 참조)를 활용한다. 미래전개도는 특정한 미래사건이 발생하면 연쇄적으로 발생할 수 있는 사건을 전망하는 것을 의미하며, 경제학의 잔물결 효과(Riffle Effect)에 대응한다. 미래전개도상의 연쇄적으로 발생할 수 있는 사건은 귀납추리에 의해 도출하며, 연결지능을 이용한다. 따라서 미래전개도상에 전개된 사건의 흐름은 통계적 미래예측은 아니며, 인류의 역사적 경험과 상식에 비추어 일어날 만한 사건의 흐름이다. 중심 사건에서 멀수록 의외성이 존재하며, 의외성이 존재할수록 새로운 비즈니스 모델과 미래 정책을 위한 아이디어가 된다.

코로나19 이후 원격근무, 원격교육, 원격진료에 대한 논의가 활성화될 것으로 이는 많은 사람이 전망하고 있다. 원격근무는 산업생태계, 조직문화 및 관련 기술의 성숙도가 전제되어야 하는데, 이들 전제조건에 한계가 있기 때문에 급격한 확산을 조심스럽게 조망하는 견해도 있지만 원격근무 노동자의 수 증가 추이는 상당히 늘 것으로 판단된다. 왜냐하면 코로나19 팬데믹 사태로 원격근무가 충분히 가능하다는 것이 입증되었기 때문이다.

원격근무의 확대는 거주지를 직장과 교통 거리 1시간 이내로 묶어 두지 않을 것이다. 주택가격이 높은 대도시에서 벗어나 중소도시가 점진적으로 확대될 것이며, 이에 따라 지방소멸의 속도가 완화되거나, 멈출 것으로 보는 견해도 있다. 다른 한편으로 원격근무의 확대는 사무실에 대한 수요를 줄일 것이며, 원격근무를 포함한 비대면 비즈니스의 확대는 상가 공실률도 늘릴 것이다. 디지털 전환으로 자영업자의 매출이 지속적으로 감소되는 상황에서, 코로나19 팬데믹으로 인해 자영업자의 폐업률이 더욱 오를 것이고, 이에 따라 상가 공실률도 증가할 것이다. 디지털 전환과 원격근무의 확대는 도시 모습에 큰 변화를 가져올 것이다. 이러한 변화는 급격하게 이루어지지는 않으나 지속 진행될 가능성이 크다.

원격교육은 원격근무보다 급격하게 확대되는 것은 어렵다. 기술적으로 가능하다 하더라도, 교육의 목적이 단순히 지식의 전달에만 머무는 것은 아니기 때문이다. 다만 주 5일 모두 학교에 갈 필요가 있는지에 대해서는 사회적 재합의가 필요하다. 최악의 신종 전염병이 등장해도 교육은 멈출 수 없으며, 원격교육 시스템을 유지하는 것을 이에 대한 대안으로 꼽을 수 있는데, 예를 들어, 초중고의 경우 주 1일 원격교육일로 지정하는 것도 대안이 될 수 있다. 고등교육에서는 일정 비율 이상을 원격교육 시스템을 도입하도록 할 수도 있을 것이다.

원격의료에 대한 제재는 완화될 수밖에 없다. 고령 인구의 증가에 대응하고, 의료산업의 발전 및 신종 전염병에 대한 대응을 위해서도 원격의료 체제가 구축되어야 하기 때문이다. 이때 원격의료는 의사가 원격에서 환자를 진료하는 것에 그치지 않고, 의료 IoT 기기가 원격으로 상시 진단을 지원하는 체계까지 확대될 것이다. 이렇게 수집된 데이터를 개인의 유전자와 기존의 활동정보와 함께 인공지능이 분석하여 의사를 지원하는 시스템이 구축된 것이다. 일부 질병에 대해서는 인공지능이 의사를 대신하여 독립적으로 사전 진단하는 체계도 구축되기 시작할 것이다. 이러한 흐름은 일종의 메가 트렌드에 해당하는데, 신종 코로나로 인해 그 전환의 속도가 빨라질 것이다. 원격진료, 의료 IoT, 정밀의료, 인공지능 진단 알고리즘의 발달은 한편으로 의료법인의 플랫폼화와 기존 플랫폼 기업이 의료산업에 진출하도록 할 것이다. 신종 코로나로 의료의 공공성이 전 세계적으로 다시 인식되는 계기가 될 것인데, 의료산업의 플랫폼 경제화는 의료산업의 공공성에 역행하는 결과를 낳을 수도 있다.

원격근로, 원격진료 및 원격교육의 동향은 디지털 전환을 가속화할 것이다. 이들 원격근무 등은 디지털 기술을 기반으로 하고, 디지털 기술이 근로, 교육 등에 전파될수록 디지털 전환의 속도가 빨라진다. 이는 정부도 예외가 아니다. 디지털 정부, 스마트 정부로의 전환 요구가 늘 것인데, 우리나라보다 다른 나라에서 그 요구가 커질 가능성이 크다.

디지털 전환의 요구가 늘수록 RPA(Robot Process Automation)나 인공지능에 집중된 투자가 디지털 기술과 비즈니스를 전반적으로 융합하거나 새로운 비즈니스 모델을 만드는, 디지털 비즈니스 모델, 디지털 전략으로 확대될 것이다. 디지털 전환은 궁극적으로 조직구조와 문화 등을 바꿀 것이다.

디지털 전환은 인지노동의 자동화, 지식의 라이프사이클 변혁과 근본적 연계성이 있어, 궁극적으로는 조직구조와 문화의 변화를 가져올 것이며, 더 나아가 정치, 경제 및 사회 시스템의 변혁을 가져올 것이다.

신종 전염병에 대한 대응 필요성과 디지털 전환이 융합됨에 따라, 자영업자의 폐업이 늘어나고, 중산층이 감소하며, 정치, 경제 및 사회 시스템의 변혁은, 머지않은 미래에 한국 사회에 상당한 도전이 될 것이다. 우리나라의 경우 로봇 밀도가 전 세계적으로 가장 높다. 원격근무의 확대는 디지털 기술의 발달에 따른 인지노동의 자동화 속도를 빠르게 할 가능성이 있다. 한국 사회는 이러한 변화를 예견하고, 분명한 답을 준비해야 한다.

디지털 전환은 디지털 문해력(Digital Literacy)의 중요성을 부각시킬 것이다. 디지털 문해력은 엑셀과 같은 스프레드시트 활용능력과 인터넷 검색 능력으로 측정된다. 디지털 전환이 성숙해지면 디지털 문해력에 대한 요구는 고도화될 것이다. 인터넷 검색 능력은 비판적 사고와 인지적 유연성과 연계되어 요구될 것이며, 스프레드시트 역량은 데이터를 다루는 역량으로 고도화될 것이다. 디지털 이주민인 X세대에 대한 퇴직압력이 늘어날 가능성이 있다. 이에 따라 디지털 역량을 높이는 교육 수요가 증가할 가능성이 있다.

신종 코로나 사태를 겪은 정부와 기업은 업무연속성계획(BCP: Business Contingency Plan)을 현실화할 가능성이 크다. 다양한 위험과 위험에 따른 시나리오에 대비하여 비즈니스 연속성을 보장해야 함을 정부의 정책담당자와 기업의 의사결정권자가 절실하게 느꼈을 것으로 판단한다. 원격근무 등의 확대는 한편으로 업무연속성계획의 확대에 따른 자연스러운 결과가 되기도 할 것이다. 한국 사회에서 업무연속성계획의 수립과 이에 대한 실천은 일종의 비용으로 인식되었던 것이 사실이다. 그러나 이번 기회를 통해 업무연속성계획에 대한 투자가 확대될 것이다.

업무연속성계획에 대한 투자는 작게는 위험관리(Risk Management)로 크게는 위험 거버넌스(Risk Governance)의 형태 등으로 다양하게 나타날 것이다. 업무연속성계획의 확대는 글로벌 가치사슬의 다변화를 요구할 것이고, 이는 다시 역내 소재와 부품 생산 시설을 최소한으로 유지하게 할 가능성이 있다. 한편, 업무연속성계획의 확대는 클라우드 시스템에 대한 요구를 늘리고, 규모의 경제를 크게 할 것이다. 업무연속성계획의 확대는 상당한 비용을 요구할 것인데, 이러한 비용을 감당하는 방안은 비용을 분산하거나, 전체 매출액 대비 비용의 비율을 줄이는 것이다. 전자는 클라우딩 시스템을 사용하는 것이고, 후자는 규모의 경제를 달성하는 것이다. 클라우딩 시스템은 플랫폼 경제를 늘릴 것이고, 후자는 전 세계적인 기업의 독과점 현상을 불러올 수 있다.

신종 전염병은 민주주의의 위기가 될 수 있다. 현재까지 대한민국은 신종 코로나에 대한 대응을 잘해 왔다. 그러나 중국의 사례에서 보듯이 민주주의의 가치를 유지하면서 치사율과 전염성이 높은 전염병에 대응하는 것은 어려울 수 있다. 신종 전염병의 등장 추이로 보아 신종 코로나보다 전염성과 치사율이 높은 전염병이 가까운 미래에 등장할 가능성은 낮지 않다. 그때에도 한국 사회와 인류사회가 민주주의를 유지할 수 있을까? 전염된 공포와 광기는 민주주의에 대한 위험이 되며, 정보 시스템으로서의 역할을 하는 시장경제도 마비시킨다.

코로나 확진자 동선 파악, 마스크 5부제의 실행은 한국 사회의 디지털 인프라의 수준을 보여준다. 짧은 시간 안에 약국별 마스크 재고 현황 지도를 작성한 것을 보면 우리나라의 디지털 역량을 간접적으로 증명한 것이다. 디지털 인프라와 디지털 역량에 대한 각국의 투자는 유럽을 중심으로 확대될 가능성이 크다. 제3세계에서도 4차 산업혁명과 디지털 전환의 가속화 및 국가의 연속성을 위해서라도 디지털 정부에 대한 투자를 늘릴 것이다.

위에서 본 [그림 3] 미래전개도에서 제기된 정책의제는 크게 'eHealthcare 의료 제도 마련과 공공 산업생태계 구축', '정부, 교육기관 및 기업의 업무연속성계획 확대', '신종 전염병 등의 출현에 대응한 민주주의 시스템의 스트레스 테스트와 보완', '디지털 전환에 대응한 정치 · 경제 시스템 보완', '자영업자 폐업률 및 노인 실업률 상승에 대비한 사회안전망 보완', '의료 IoT 등의 수요 증대에 따른 물리 컴퓨팅 교육 확대 등 디지털 역량 제고', '신종 전염병 대응과 원격근무 등의 확대에 발맞춘 지방중소도시 중심의 스마트도시 추진'등이다. '신종 전염병 등의 출현에 대응한 민주주의 시스템의 스트레스 테스트와 보완'과 '자영업자 폐업률 및 노인 실업률 상승에 대비한 사회안전망 보완'을 제외한 정책과제를 관통하는 화두는 디지털 기술과 디지털 전환이다. 민주주의에 대한 스트레스 테스트와 사회안전망 또한 디지털 기술 등과 간접적 관련을 가진다.

[그림 4] K-방역모델 국제표준화 추진체계

2020년 WEF(세계경제포럼) 연례 다보스 포럼의 테마는 'Tech For Good' 이었다. 한국 사회에서의 신종 코로나에 대응한 디지털 기술의 활용은 대표적인 'Tech For Good'의 사례가 될 것이며, 전 세계적으로 한국의 사례가 확대 적용될 것으로 판단한다(우리나라는 이미 K-방역모델 국제표준화를 추진하고 있음. 위의 [그림 4] 참조).

◎ 코로나19 이후 미래 세상 조망

인간은 무수히 많은 바이러스에 둘러싸여 함께 살고 있다. 동물에게도 다양한 바이러스가 있고, 지역마다 다른 바이러스가 있다. 그러나 원래 인간 세계에 있지 않던 바이러스가 인간 세계로 어떻게든 넘어오게 되면 인간이라는 종 전체가 위험에 빠질 수 있는 상황이 된다. 지구상의 다른 어딘가에서 발발한 전염병을 국경을 잘 닫으면 막을 수 있다는 생각은 버려야 한다. 경제가 살아 움직이면서 재앙을 막는 방역으로 공동 대처하는 글로벌 플랜을 세워야 한다. 국경을 닫는 대신 인간 세계로 바이러스가 들어오지 못하도록 함께 막아야 한다. 전 세계적으로 유행병에 함께 대처하는 의료체계를 구축해야 한다. 세계기후협약(2015년 12월 12일 제21차 유엔기후변화협약 당사국 총회에서 195개 협약 당사국이 모여 파리협정을 체결)처럼 유엔이 주관하는 유엔전염병 확산방지를 위한 당사국 협약을 위한 협정을 채택할 필요가 있다.

지구 온난화가 가져온 자연재해와 더불어 지구가 대기오염으로 고통받는다는 것을 지구를 멈추게 함으로써 맑은 하늘로 증명해 보였다. 공장들이 더 이상 오염 물질을 지구의 대기에 내뿜지 않게 된 것으로 중국과 인도의 하늘이 깨끗해지고 공기의 질이 달라졌다. 베니스의 물이 깨끗해지고 돌고래가 다시 보이기 시작했다. 코로나 바이러스는 더 이상 지구를 오염시키는 것을 멈추게 하고, 싸움을 멈추고 더 이상 물질적인 것에만 매달리지 말라고 경고를 보내고 있다. 코로나 팬데믹은 단시일에 종식되지 않을 것이며 수그러들었다가도 다시 더 크게 기승을 부릴 소지가 많아 인류 삶의 변화와 더불어 기존의 질서가 붕괴되고 새로운 질서가 형성되는 뉴노멀 시대가 도래할 것이다.

개인의 생활에서의 변화는 ① 마스크 생활이 필수적으로 되어 인간의 얼굴로서 인식되는 가치 개념이 눈으로만 인식하기에는 역부족이라 외관이 의식화에 영향을 주지 못하게 되어 신중한 행동이 일반화할 것이다. ② 외관에 신경 쓰지 않아 가식이 없어지고 화장을 안 하는 풍습으로 화장품 산업의 쇠퇴가 오게 된다. ③ 비대면 원격생활이 상설화되어 AR · VR을 활용한 화상 업무가 일반화할 것이다. ④ 관중 없는 스포츠 경기가 일반화되어 AR · VR 중계로 스포츠를 즐기게 되는 세상이 될 것이다. ⑤ 다중이 모이는 공연 · 영화 산업은 쇠퇴하고 콘텐츠가 그 자리를 메꿀 것이다. ⑥ 사회적 거리두기가 기본 생활 수칙이 되어 공동체 생활(각종 모임, 이익단체 집회 등)이 급격히 제한을 받아 혼자 생활이나 화상회의로 일반화된다. 혼밥, 혼술, 혼차, 혼극 등 개인생활 위주로 바뀌게 되고 이익단체 집회 등은 횟수가 줄거나, 거리두기나 화상회의 등으로 바뀌게 된다. 따라서 이와 관련한 신사업들의 태동이 활발해질 것이다. 결국 인간은 마스크는 생존의 필수품이 되었으며 손 씻기가 위생 생활의 철칙이 되었다. 사회적 거리두기는 생활의 원칙이 되었으며 비대면은 경제활동의 기본 수칙이 되었다.

사회적 거리두기, 자가격리, 재택근무 등 비대면 생활이 일상화되면서 집안에서 다양한 생산활동(재택근무)과 소비활동이 전개되는 홈코노미(home+economy) 현상이 가속화될 것이고, 장기적으로는 도시의 과밀화가 해소되고, 세계화가 후퇴하는 현상이 벌어지면서 기업들도 제한된 범위 내에서 적극 활동하는 가두리 경제가 활성화될 것이다. 이미 항공, 호텔, 관광, 기존유통, 정유산업 등은 큰 피해를 보고 있지만 온라인 몰이나 인터넷 플랫폼 기업들은 호황을 누리게 될 것이다. 국가는 더 철저히 디지털화를 가속해 나갈 것이고 기업들도 비대면 온라인으로 리모델링을 가속화해야 생존할 수 있다. 이러한 환경변화로 인해 정보기술과 비즈니스가 결합하여 새로운 산업의 탄생이 늘어나는 가운데 인공지능, 로봇, 디지털, 바이오 등 첨단기술을 활용한 4차 산업혁명이 가속화될 것으로 예상된다.

2. 정부 및 대내외 정책 동향

1) 정부 규제 범위 및 종류

(1) 규제 범위

현재 메타버스 자체는 규제를 위한 입법 대상에는 포함되지 않았고, 규제보다는 정부 정책을 통해 지원이 시작되고 있는 단계이다. 정부는 한국판 뉴딜('20.7.~) 정책을 추진하면서 **산업진흥 정책을 통해 디지털 경제의 확장과 활성화**를 도모하고 있다. 다만 메타버스가 인터넷을 잇는 차세대 융합 서비스로 언급되면서 **이와 관련된 사업 분야에 대한 규제**가 직접적인 영향으로 작용하고 있다. **가상융합경제**는 가상융합기술(XR)을 활용해 경제활동(일·여가·소통) 공간이 현실에서 가상·융합세계(현실·가상 공존)까지 확장되어 새로운 경험과 경제적 가치를 창출하는 경제를 의미. 특히, **제조·의료·유통 등 국가 핵심 산업의 가치사슬 전 단계에 가상융합기술(XR)이 활용**되어 전통적인 비즈니스 모델의 혁신을 가속화하고, 경제 성장을 견인할 것으로 기대된다(2021.12., 과기정통부 가상융합경제 발전전략). **메타버스**는 장기간 몰입 경험을 가능하게 해 주는 **디바이스**, 실시간 **네트워크**, 거대 데이터 처리 **클라우드, AI, 엔터/미디어**를 중심으로 하는 가상/거울 세계의 확

장과 **콘텐츠 IP**(스토리, 캐릭터, 디지털 아이템 등)의 창조, **자산화**(NFT 등), 유
통, 소비 및 이를 촉진하는 인센티브 시스템을 갖춘 경제로서의 가상/증강
현실 **플랫폼**, 메타 플랫폼 간 연계 수준을 결정할 **프로토콜/표준** 등 컴퓨팅
스텍 전반의 혁신을 이끄는 동력으로 작용할 전망이다(2021.7., 정보통신정책
연구원 최계영 구위원, 메타버스 시대의 디지털 플랫폼 규제). 따라서, 디지털 환경
하에서 **상기 언급된 분야들**을 중심으로 어떤 규제들이 법제화되거나 법제
화 진행 중인지에 대해 고찰해 볼 필요가 있다.

(2) 규제 종류

(글로벌 디지털세, 기획재정부) 주요 20개국(G20) 정상들이 이탈리아 로마에
서 열린 정상회의에서 **글로벌 디지털세**(일명 '구글세')를 추인했다('21.10.30.).
이에 플랫폼 기업* 등 글로벌 기업의 **조세회피 억제 효과**를 기대하고 있다.
가상공간의 영업 활동이 커져 현행 조세체계는 한계. **본국 및 실제 매출발
생 소재국**에서도 세금 부과할 예정이라고 발표했다.

🔍 디지털 과세

▶ (필라1) 연 매출 200억 유로(약 27조 원)+이익률 10% 이상인 경우 통상이익률
(10%)를 넘는 초과이익의 25%를 소재국에 납부
 – 우리나라 예상 대상기업 수: '23) 2개, 200억 유로 이상 → '30) 5개, 100억 유로 이상
▶ (필라2) 매출액 7억 5,000만 유로(약 1조 원) 이상인 다국적 기업에 대해 15%의 최
저세율을 적용하여 소재국에 세금납부
 – 우리나라 예상 대상기업 수: '23) 약 80개

---

* 페이스북, 로블록스, 포트나이트, 게더타운 등 메타버스 관련 기업도 해당

(인앱결제 방지법, 방송통신위원회) 방송통신위원회는 세계 최초로 구글, 애플 등 앱마켓 통행세 강제 정책을 막는 '인앱결제 강제 금지법'(전기통신사업법 개정안)을 시행('21.9.14.)한다고 발표했다. 이것은 앱 이용료 매출액의 30% 등 거대 플랫폼 기업의 독과점 지위 남용을 방지하여 **콘텐츠 사업/개발자 확대**로 메타버스 등 새로운 플랫폼 활성화가 목적이다. 또한 전기통신사업법 제50조(금지행위) 신설, **거대 기업의 갑질을 방지하여** 거래상 지위를 부당하게 이용해 **특정 결제방식을 강제하는 행위, 모바일 콘텐츠 심사 부당지연행위 및 부당 삭제 행위** 등을 금지(미국의 앱마켓 법안과 유사)하겠다고 발표했다.

(데이터 3법, 개인정보위원회) EU는 2018년부터 개인정보보호규정 GDPR(General Data Protection Regulation)을 시행하고 있고, 개인정보를 다루는 모든 기업이나 단체가 관련 규정을 위반할 시 **전 세계 연간 매출액의 2~4%의 높은 과징금**을 부과하고 있다. 우리나라는 EU의 GDPR에 대응하고 범세계적인 데이터 산업에의 동참 등을 위해 '**데이터 3법***'을 시행('21.8.5.)하였다. **개인정보보호와 데이터 활용에 대한 개인과 기업 상호 간의 신뢰를 도모하고자 하였고** 메타버스 데이터도 고려 대상이다.

부처별 중복 규제를 없애고 **개인정보의 암호화, 가명 처리 보안 조치 마련** 등 데이터 3법의 주요 핵심내용은 다음과 같다.

---

* 개인정보보호법(행정안전부), 정보통신망 이용촉진 및 정보보호 등에 관한 법률(방송통신위원회), 신용정보의 이용 및 보호에 관한 법률(금융위원회)

▶ 데이터 이용을 활성화하는 가명정보 개념의 도입
▶ 유사·중복된 규정을 정리, 개인정보보호 거버넌스를 일원화
▶ 데이터 활용에 있어서 개인정보 처리자의 책임을 더욱 강조
▶ 모호한 개인정보 판단 기준의 명확화

향후 개인정보위는 개인정보보호법 전면 개정을 추진할 예정이고, 5G, AI 등 신기술을 고려하고, 개인정보보호와 활용의 균형을 맞추어 **마이데이터* 활용 확산** 등 데이터 생태계 성장을 지원한다. 메타버스 자체가 **개인의 아바타 및 관련 인프라가 만들어 내는 거대 데이터**임을 고려하여 개정 논의에 참여가 필요하다. 한편, 정부는 디지털 뉴딜의 원활한 추진과 데이터 활용 촉진 등을 위해 데이터 기본법(10.19. 공포), 산업 디지털전환촉진법, 중소기업 스마트제조혁신법 등 **디지털경제전환 3법** 제정 추진 중이다.

(인공지능 윤리규정, 과기정통부) 인공지능이 **윤리적으로 잘못된 학습을 통해** 사람에 대한 혐오와 차별 등 반윤리적 대화, 기본적 권리 침해 등이 반복 발생하고 있다. 인공지능 챗봇 '**이루다**'는 사회적 약자에 대한 혐오 발언과 개인정보보호 위반 논란까지 겹쳐 **서비스를 종료**하고, 아마존은 이력서에 '여성'이 들어가면 채용대상에서 배제하는 AI를 활용한 **채용 프로그램을 폐기했다.**

---

* 정보 주체가 본인 정보를 적극 관리 통제하고 이를 신용, 자산, 건강관리 등에 주도적으로 활용하는 것으로, 「자료전송 요구권」이 핵심 기반

최근 정부는 **AI 윤리 원칙·기준 및 가이드라인**을 마련·시행하고 있다. AI 관련 개인정보보호 6대 원칙(적법성, 안전성, 투명성, 참여성, 책임성, 공정성, '21.5., 개인정보보호위원회), 사람이 중심이 되는 AI 윤리기준('20.12., 과학기술정보통신부), 이용자 중심의 지능정보사회를 위한 원칙('19.11., 방송통신위원회), 금융 분야 인공지능 가이드라인('21.7., 금융위원회)을 시행하고 있다.

또한, 국회는 세계 최초로 진흥과 규제를 동시에 포함한 **'인공지능 육성 및 신뢰 기반 조성 등에 관한 법률안'**을 발의[*]하고 디지털 뉴딜의 한 축인 인공지능 산업 지원을 위한 토대를 마련하는 한편, 이용자들의 권리를 보호할 수 있는 제도 마련을 도모하고자 한다. 메타버스도 **가상세계에서의 사기, 도박 등 사회 범죄, 불법거래, 탈세 등 경제 범죄, 중독 등** 윤리적 문제 해결 방안 마련이 필요하다.

한편, 국가기술표준원에서는 **'산업 인공지능 표준화 포럼'**을 발족('21.10.)하면서 **AI 윤리·사회적 문제 해결 분과위**를 운영하고 전기·전자 분야 AI 개발자 등을 위한 윤리 가이드라인 개발 예정이다.

(특정금융정보법, 금융위원회) G20 및 FATF[**], **'가상자산을 이용한 자금세탁 등 범죄 예방'**을 위해 국제기준을 제정(2018.10.)하고, 각 국가에 이행을 촉구하고 있다. 금융위원회는 **'특정 금융거래정보의 보고 및 이용 등에 관한**

---

[*] 과기정보방송통신위 정필모 위원은 더불어민주당 소속 의원 20여 명과 함께 대표 발의

[**] **(FATF, 국제자금세탁방지기구)** UN 협약 및 UN 안보리결의(UNSCR) 관련 금융조치(Financial Action)의 이행을 위한 행동기구(Task Force)로 1988년 G7 협의로 설립

법률'을 시행('21.3.)하여 가상자산 사업자의 자금세탁방지를 의무 부과하고, **가상자산 사업자**에게는 ① 금융정보분석원(FIU)에 대한 신고 의무, ② 기본적 자금세탁 방지의무(고객확인, 의심거래보고 및 관련자료 보관 등), ③ 추가적인 의무(이용자별 거래내역 분리)를 부과하고 있다. **가상자산 사업자와 거래하는 금융회사**는 ① 고객인 사업자의 기본사항(대표자, 거래목적 등), ② 가상자산 사업자의 신고 수리 여부 및 예치금 분리보관 등을 확인해야 할 의무를 부과하고 있다.

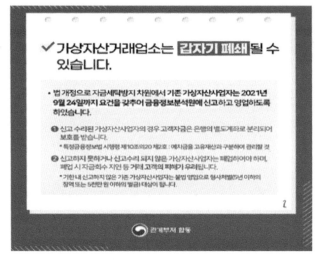

[그림 5] 가상 자산거래업소 폐쇄 공고

한편, FATF는 '가상자산 및 가상자산 사업자를 위한 지침'에 대체불가능한토큰(NFT: Non-Fungible Tokens)과 탈중앙금융(디파이, De-Fi)* 개발사를 가상자산 사업자로 추가('21.10.28.)하였고, "**가상자산**은 디지털 방식으로 거래

_____

* -(NFT) 가상자산에 원본 인증과 거래 내역 추적 기능을 부여하면서 디지털 콘텐츠 창작자들에게 새

하거나 이전할 수 있고, 결제 또는 투자 목적으로 사용될 수 있는 가치를 디지털로 표현한 것"이라고 정의하면서 이 서비스를 운용하는 사업자나 개발사는 가상자산 사업자로 분류해 자금세탁방지 규제 대상에 포함하였다.

[그림 6] FATF는 '가상자산 및 가상자산 사업자'를 위한 지침

그러나 FATF는 "NFT의 성격과 그 실질적 기능을 고려해 각국이 규제를 결정해야 한다"고 회원국의 상황에 맞는 규제를 주문하였고 금융위는 NFT 서비스 현황에 대한 연구와 검토를 거친 후 규제 여부를 결정한다는 입장이다.

로운 디지털 자산 거래를 통한 수익 창출과 비즈니스 기회를 제공
 • NFT와 메타버스 생태계의 융합은 가상세계에서 새로운 디지털 산업 생태계가 구현 가능
 - (디파이) 가상자산을 담보로 타 가상자산을 대출받거나, 예치이자 등을 받는 서비스

(온라인 플랫폼 규제 법률안, 방송통신위, 공정위) 최근 온라인 플랫폼에 대한 규제의 신설, 강화 법안이 국회에 다수 제출되거나 입법 예고된 상황이다. 개인정보보호, 공정경쟁 등 공익적 목적을 표방하면서 진입규제보다는 사업/최종이용자 보호에 역점을 두고 있다.

[표 2] 온라인 플랫폼 법률안 현황

❶ 개인정보보호(2+)

- **온라인 플랫폼 이용자 보호에 관한 법률안**(전혜숙 의원 등 12인, 2020.12.11. 발의)
- 전자상거래 등에서의 소비자 보호에 관한 법률안 전부 개정안(공정위, 2021.3.5. 입법예고) 등

❷ 공정경쟁(7)

- **온라인 플랫폼 중개거래의 공정화에 관한 법률안**(공정위, 2020.9.28. 입법예고, 2021.1.28. 발의)
- 온라인 플랫폼 중개거래의 공정화에 관한 법률안(배진교 의원 등 10인, 2021.3.8. 발의)
- 온라인 플랫폼 중개서비스 이용거래의 공정화에 관한 법률안(성일종 의원 등 11인, 2021.2.15. 발의)
- 온라인 플랫폼 중개거래의 공정화에 관한 법률안(공정위, 2021.1.28. 발의)
- 온라인 플랫폼 중개거래의 공정화에 관한 법률안(민형배 의원 등 10인, 2021.1.27. 발의)
- 온라인 플랫폼 중개거래의 공정화에 관한 법률안(김병욱 의원 등 12인, 2021.1.25. 발의)
- 온라인 플랫폼 통신판매중개거래의 공정화에 관한 법률안(송갑석 의원 등 10인, 2020.7.13. 발의)

공정위는 '온라인 플랫폼 중개거래 공정화에 관한 법률안'과 **방통위** '온라인 플랫폼 이용자 보호에 관한 법률안'이 대표법안으로 진행되고 각 법률안의 **중복 규제 우려 조항**을 조정하고 부처 고유업무의 특수성을 고려하여 제정될 것으로 예상하고 있다. 입법 시 **플랫폼 운영 명확화, 지배력 남용 보완 조치** 등을 통해 잠재적 폐해 요인은 최소화가 필요하고 **메타버스 플랫폼**에 직접적인 영향을 끼칠 것으로 예상된다.

[표 3] 국내 디지털 플랫폼 규제 주요 법안 비교

구분	공정위 법안	방통위 법안
적용대상	· 거래중개, 광고, 결제 등	· 거래중개, SNS 등 정보교환
중점내용	· 공정경쟁	· 개인정보보호
금지행위	· 구입강제 · 경제상 이익 제공 강요 · 손해 떠넘기기 · 거래조건의 변경이나 불이익 초래 행위 · 경영활동 간섭	· 노출 기준 공개 · 서비스 제공 거부 사유 통지 · (입점업체) 계약 불이행, 차별취급 등 11개 유형 · (이용자) 약관과 다른 서비스, 중요사항 미고지 등 11개 유형

2) 정부 정책 및 부처별 정책 동향

(1) 한국판 뉴딜

(한국판 뉴딜 사업추진 구조) 코로나19 충격으로부터의 빠른 위기 극복과 코로나 이후 글로벌 경제 선도를 위해 미국의 뉴딜정책에 버금가는「한국판 뉴딜」을 국가발전전략으로 추진('20.7.14., 기획재정부 주관 정부합동발표)한다고 발표하였다. 총 사업비는 '22년까지 67.7조 원, '25년까지 160조 원을 투자, 디지털 · 그린 뉴딜을 강력 추진하고 안전망 강화로 뒷받침한다.

(디지털 뉴딜) 디지털 신제품 · 서비스 창출 및 우리 경제의 생산성 제고를 위해 전 산업의 데이터 · 5G · AI 활용 · 융합 가속화를 추진하고, '25년까지 63.4조 원을 투자, 일자리 90.3만 개를 창출하겠다고 발표하였다. 디지털 뉴딜 과제 중 메타버스 관련 사업(직접 언급 없음)을 다수 포함하고 있다.

(과제 1 + 2) 데이터 댐 등 실감기술(VR, AR 등)을 적용한 교육 · 관광 · 문화 · 체육 등 실감 콘텐츠, 스마트 박물관 · 전시관 구축 등 5G 융합서비스 기술 개발이고 (과제 6) 공공직업훈련으로 온-오프라인 융합 직업훈련 종합플랫폼 시스템 고도화 및 이러닝 · 가상훈련(VR · AR) 콘텐츠 개발 확

대이다. (과제 [10]) **디지털 트윈(Digital Twin)으로** 안전한 국토 · 시설관리를 위해 **도로 · 지하공간 · 항만 · 댐** 등 '디지털 트윈'을 구축한다는 계획이다.

(2) 한국판 뉴딜 2.0

(한국판 뉴딜 2.0 사업추진 구조) 글로벌 디지털 전환 확산 등 **변화하는 환경과 글로벌 경쟁에 대응**을 위해 신규 과제를 추가하고, 기존 과제를 확대 개편하고 디지털 · 그린 · 휴먼 뉴딜의 3축 체제로 개편('21.7.14., 기획재정부 주관 정부합동발표)을 발표하였다. 총사업비는 '25년까지 160조 원(뉴딜 1.0)—**220조 원(+60조 원)**으로 확대하고 국비는 114.1조 원—**160조 원(+45.9조 원)** 수준으로 확대한다는 계획이다.

(디지털 뉴딜) 디지털 융 · 복합을 다양한 분야로 확산하여 **메타버스 · 클라우드 · 블록체인 등 초연결 신산업을 육성**하고 재정투자는 '22년까지 8.7조 원, '25년까지 49조 원(+4.2조 원)이다.

개방형 **메타버스 플랫폼 개발 및 데이터 구축****, 다양한 메타버스 콘텐츠 제작 지원 등 생태계를 조성할 예정이다.

---

* 가상공간에 현실공간 · 사물의 쌍둥이(Twin) 구현→시뮬레이션 통해 현실분석 · 예측

** 플랫폼에 내장된 데이터 · 저작도구를 제3자 기업이 새로운 서비스 개발에 활용하도록 공개

(단위: 조원, 국비)

분야	'20추경 ~ '25	
	뉴딜 1.0	뉴딜 2.0
❶ D.N.A 생태계 강화	31.9	33.5
❷ 비대면 인프라 고도화	2.9	3.2
❸ 메타버스등 초연결 신산업 육성	-	2.6
❹ SOC 디지털화	10.0	9.7
소 계	44.8	49조원 수준
❶ 탄소중립 추진기반 구축	-	4.8
❷ 도시·공간·생활 인프라 녹색전환	12.1	16.0
❸ 저탄소·분산형 에너지 확산	24.3	30.0
❹ 녹색산업 혁신 생태계 구축	6.3	10.2
소 계	42.7	61조원 수준
❶ 사람투자	4.0	9.3
❷ 고용·사회안전망	22.6	27.0
❸ 청년정책	-	8.0
❹ 격차해소	-	5.7
소 계	26.6	50조원 수준
총 계	114.1	160조원 수준
지역균형 뉴딜	42.6	62조원 수준

[그림 7] 한국판 뉴딜 2.0

'20.7월, 「디지털 뉴딜」	➡	'21.7월, 「디지털 뉴딜 2.0」
⑴ D.N.A 생태계 강화		⑴ D.N.A 생태계 강화
⑵ 교육 인프라 디지털 전환		⑵ 비대면 인프라 고도화 (통합)
⑶ 비대면 산업 육성		⑶ 초연결 신산업 육성 (신설)
⑷ SOC 디지털화		⑷ SOC 디지털화

(단위: 조원, 국비)

분야	'20추경 ~ '25	
	뉴딜 1.0	뉴딜 2.0
❶ D.N.A 생태계 강화	31.9	33.5
❷ 비대면 인프라 고도화	2.9	3.2
❸ 메타버스등 초연결 신산업 육성	-	2.6
❹ SOC 디지털화	10.0	9.7
소 계	44.8	49조원 수준

[그림 8] 디지털 뉴딜 2.0

(3) 정부 부처별 정책 동향

(과학기술정보통신부) '20.8. '가상 · 증강현실 분야 선제적 규제혁신 로드맵'을 발표하였다. 가상 · 증강현실(VR · AR)은 DNA* 기술과 긴밀히 결합하여 엔터테인먼트, 교육, 교통, 제조, 의료, 국방, 치안 등을 획기적으로 바꿀 산업이다. 기존 규제체계가 신속히 변화하는 기술발전 흐름을 적기에 반영치 못할 경우 기술혁신과 새로운 비즈니스의 적시 출현에 장애가 있다. 그래서 가상 · 증강현실(VR · AR) 기술발전과 분야별 서비스 적용 · 확산 시나리오를 예측하여 서비스의 적시 출시가 가능하도록 선제적으로 규제를 정비하는 규제혁신 로드맵을 마련하고 기술**의 발전 방향과 본격 상용화 시기를 단계적으로 예측하였다. VR · AR 기술은 인터페이스 사용성이 개선되고, 여러 사람의 원격협업이 가능해지며, AI 결합으로 점차 지능화될 것으로 예상하였다.

< VR·AR 발전 3단계 시나리오 >

구분	1단계	2단계	3단계
연 도	2020~2022	2023~2025	2026~2029
사용성	시·청각 중심	표정·햅틱 입출력	오감·뇌 입출력
플랫폼	단일 사용	다중 사용(원격 협업)	
지능화	콘텐츠 일방 수용	사용자 ⇌ 시스템 상호소통	

[그림 9] 가상 · 증강현실 발전 3단계 시나리오

또한, 제조 · 교육 · 유통 등 국가 핵심산업의 가치사슬 全 단계에 가상융합기술(XR)이 활용되어 기존 비즈니스 모델을 혁신하고, 경제 성장의 견인

---

* DNA: 데이터, 네트워크, 인공지능

** 디바이스 성능(해상도 · 시야각 · 지연시간 등), 인터페이스 확대, 플랫폼 고도화 등

과 국민 삶의 질 향상을 도모하고자 '20.12. '가상융합경제발전전략'을 발표하였다. 추진 방향은 **가상융합경제 선도국가 실현**을 비전으로, 디지털 뉴딜의 중요한 축으로 경제 전반을 **가상융합기술(XR)로의 혁신**이고, 주요 내용은 2025년까지 ▲경제적 파급효과 30조 원 달성, ▲세계 5대 가상융합경제 선도국 진입을 위한 <u>3대 추진전략/12대 실행과제</u> 추진이다.

◆ ('19) 337억달러(40조) → ('25) 3,474억달러(410조)로 10배 이상 증가

• 제조분야 : ('19) 188억 달러 → ('25) 1,945억 달러(230조)

• 교육훈련 분야 : ('19) 88억달러 → ('25) 907억달러(107조)

• 유통분야 : ('19) 61억달러 → ('25) 622억 달러(73조)

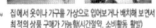

[그림 10] XR의 제조 · 교육 · 유통 분야 세계경제 파급효과(PWC, '19.11.)

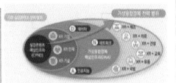

구 분	2019년	2025년
가상융합기술(XR) 활용률	0.3%	20%
가상융합기술(XR) 전문기업*	21개	150개
가상융합(XR)지구	0개	10개
초중고 가상(XR)실험실***	0.7%('20)	100%

< 추진성과 >

* 매출액 50억원 이상 기업
** 국민이 일상생활에서 스마트폰, AR 글래스를 활용해 AR 정보서비스를 제공받을 수 있는 공간
*** VR·AR을 활용하여 실감있는 과학체험(학학생명, 우주체험 등)을 해 볼 수 있는 실험실

[그림 11] 가상융합경제발전전략 추진 방향 및 내용

[표 4] 가상융합경제발전전략 추진 전략

◈ (전략1) 산업현장에서 사회문제 해결까지 가상융합기술(XR) 활용 전면화

① 6대 핵심산업* '가상융합기술(XR) 플래그십 프로젝트' 추진
② 지역균형 발전을 위해 지역 곳곳에 가상융합기술(XR) 활용 · 투자 기반 조성
③ 민간 참여 · 투자 견인할 가상융합기술(XR) 펀드 등 확산 기반 마련
④ 사회적 포용과 문제 해결에도 가상융합기술(XR) 적극 활용

◈ (전략2) 가상융합기술(XR) 필수 인프라 조기 확충 및 제도 정비

① 디바이스 핵심기술(마이크로디스플레이, 광학렌즈) 및 완제품 개발 · 실증 지원
② 공간정보, 제조 · 문화 등 가상융합기술(XR)용 데이터댐 전방위적 구축

---

* 제조, 건설, 의료, 교육, 유통, 국방

③ 최첨단 네트워크 고도화로 초고속 · 최소지연 가상융합기술(XR) 서비스 확산

④ 가상융합경제 진흥 법제 마련과 가상융합기술(XR) '10대 규제' 개선

◆ **(전략3) 가상융합기술(XR) 기업 세계적 경쟁력 확보 지원**

① 전문기업 집중 지원을 통해 '25년 매출 50억 원 이상 전문기업 150개 육성

② 가상융합기술 가시화 · 인터랙션, 홀로그램, 오감기술 등 미래 혁신기술 확보

③ 석 · 박사급 고급인재, 제조 · 문화 등 분야별 전문인재 양성('25년까지 1만 명 양성)

④ 가상융합기술(XR) 기업 글로벌화 촉진

(문화관광부) '20.9. '디지털 뉴딜 문화콘텐츠산업 성장전략'을 발표하였다. '한국판 뉴딜' 정책의 한 축인 '디지털 뉴딜'을 실현하기 위한 콘텐츠산업의 비대면 기반(인프라) 확충, **고부가가치 차세대 콘텐츠 개발**, 세계시장 경쟁력 강화 등을 제시하였다. **콘텐츠와 데이터, 인공지능, 가상 · 증강현실 등 기술의 결합을 통해 차세대 고부가가치 콘텐츠를 육성하고 문화유산 가상현실(디지털 트윈)을 구축**하여 문화재 복원 등에 활용하고, **궁궐, 문화재** 등을 활용한 실감콘텐츠를 제작 · 제공한다.

(행정안전부) '21.4. '공공데이터 개방 2.0 추진전략'을 발표하였다. 공공데이터는 한국형 뉴딜, 디지털정부, 데이터 경제의 기본자원으로 역할 증대→자료 개방 · 제공 · 활용의 패러다임을 전환한다는 전략이다. 첫 번째는 수요자 중심으로 질 좋은 데이터를 개방하는 것이다. 공공데이터 생성 전부터 데이터 표준 등을 반영하는 **'예방적 품질관리'** 제도를 본격 도입하는 것이

---

* 데이터 구축 시 적용해야 하는 필수요건(데이터 표준 · 구조 · 관리체계 등)을 구축계획 단계부터 검토 ·

다. 두 번째는 다양한 형태의 공공데이터를 편리한 방식으로 제공하는 것이다. 비정형 등 다양한 데이터를 오픈 API 등 여러 방식으로의 개방이다. 세 번째는 민관협력을 통해 공공데이터의 활용 강화이다. 쉽게 접하고 활용할 수 있도록 '공공데이터 큐레이팅(curating) 서비스'를 추진하고, 데이터기업 육성지원도 강화이다.

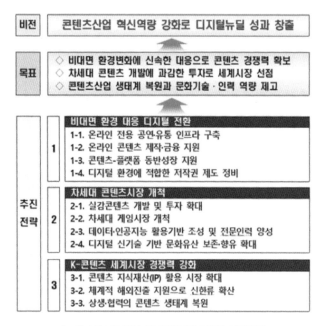

[그림 12] 디지털 뉴딜 문화콘텐츠산업 성장전략

점검

[표 5] 제3차 국가중점데이터 개방계획('20~'22)

주제 영역	국가중점데이터(26개)	
자율주행 (6개)	• 제로셔틀(자율주행차) 데이터 • 자율주행 통합관제 데이터 • 지능형자동차 인식기술 개발지원을 위한 　공개용 표준DB	• V2X 자율주행데이터 • 도로안전주행 지원정보 • 상용차량 운전자 위험상황 모니터링 정보
헬스케어 (7개)	• 인체조직정보 • 체외진단 의료기기 안전·유통정보 • 의약품/의약외품 안전정보 • 의약품 임상시험 정보	• 감염병 확산 대응 공개대상 정보 • 감염병 진료 통계정보 • 감염병 관리시설 정보
스마트시티 (1개)	• 스마트 전력거래 정보	-
금융재정 (3개)	• 국고보조금 통합정보 • 공적자금정보	• 주택저당증권 시세정보
생활환경 (4개)	• 미세먼지 저감숲 정보 • 숲길자원정보	• 비산먼지 사업장정보 • 냉매사용정보
재난안전 (5개)	• 119구급출동정보 • 국민체감형 가뭄정보 • 해외안전융합정보	• 승강기 안전 정보 • IoT 기반 독거노인 응급안전 안심 현황

(4차 혁명위원회) '21.6. '데이터 플랫폼 활성화 전략'을 발표하였다. 데이터 플랫폼은 데이터를 모아서 가치 창출에 기반하는 것이다. 공공기관 운영, 국가 재정이 투입된 민간 운영 데이터 플랫폼이 대상이고, 지속 가능한 발전을 위해 데이터 운영 플랫폼들이 반드시 추진해야 할 과제들을 제시한다. 쉽고 편리하게 데이터를 찾고 활용하여, 데이터 기반으로 다양한 경제활동을 할 수 있게 데이터 플랫폼 육성(기업 주관 플랫폼 포함), 이를 통해 데이터 산업과 기업의 성장을 도모하는 것이다.

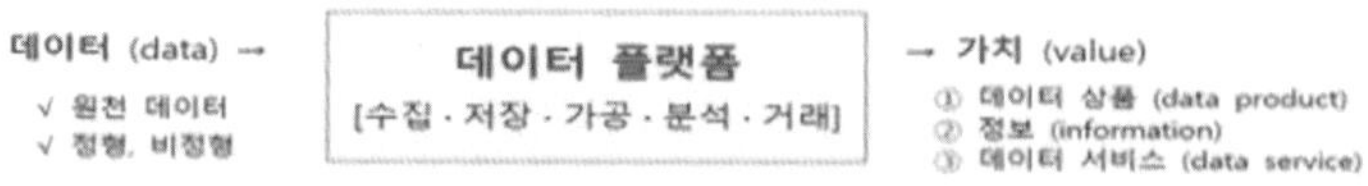

데이터 (data) →　　　┌─────────────────────┐　　→ 가치 (value)
√ 원천 데이터　　　　│　　**데이터 플랫폼**　　　│　① 데이터 상품 (data product)
√ 정형, 비정형　　　│[수집 · 저장 · 가공 · 분석 · 거래]│　② 정보 (information)
　　　　　　　　　└─────────────────────┘　③ 데이터 서비스 (data service)

[그림 13] 데이터 플랫폼 활성화 전략

(산업통상자원부) '21.4. '산업 디지털 전환 확산 전략'을 발표하였다. 산업
디지털 전환을 준비▶도입▶정착▶확산▶고도화 5단계로 구분하였다. 이
를 위해 업종, 기업규모, 공간별 맞춤형 지원 정책을 마련하였다. 업종 분야
는 업종별 특수성을 고려한 맞춤형 디지털 전환 전략을 추진하고, 기업 분
야는 기업DX 종합지원시스템 구축, 산업데이터 플랫폼*을 확대한다(20년 5
개 →'21년 14개 →'25년 50개). 공간 분야는 협업지원센터 확대, 산업 분야 공
공데이터 플랫폼을 구축한다.

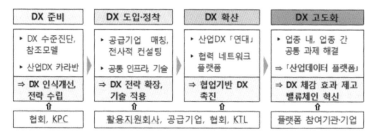

[그림 14] 산업 디지털 전환(DX) 단계 모델

또한 산업 분야 공공데이터 플랫폼을 구축하여 데이터를 개방 · 공유한

---

* '25년까지 업종 평균 단계는 **정착** 이상, 선도 30%는 **확산** 이상 추진

다. 먼저, 개방 · 공유 데이터를 선정*하고, 민간이 원하는 데이터가 제공되도록 제도화한다. 올해 **산업 디지털전환 촉진법 제정** 추진을 통해 민간 중심의 산업 디지털 전환을 촉진한다.

(국가기술표준원) '20.9. '비대면 경제 표준화 전략'을 발표하였다. 비대면 경제의 국제표준 선점으로 우리나라가 비대면 경제시대의 **룰 세터**(Rule-Setter)로 부상토록 추진한다. **의료, 교육, 유통 · 물류** 등 **비대면 3대 핵심 서비스에 대한 국제표준화**를 우선 추진한다. **융합서비스표준오픈포럼**('21.9.)의 성과 발표 시, 유통 · 물류, 교육 분야 국제표준 선점 등 성과 창출이 본격화되었다고 평가하였다.

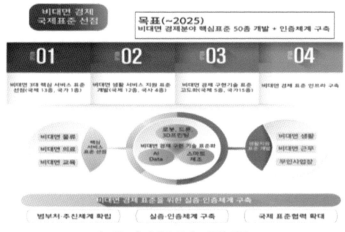

[그림 15] 비대면 경제 표준화 전략

---

* 민감 정보에 대한 비식별 처리, 미세조정 · 삭제 등을 통한 정보공개 확대 촉진

교육 분야에서는 가상현실(VR) 콘텐츠 교육환경에 대한 연령대별 안전 기준을 정립한 '가상현실(VR) 콘텐츠용 휴먼팩터 가이드라인*'을 국제표준으로 발간하였다.

[그림 16] VR 콘텐츠 휴먼팩터 가이드

'21.8. 디스플레이 표준화 국제포럼에서는 AR · VR 등 디스플레이 기술과 산업 동향, 표준화 사례를 공유하고 국제표준화 방안 등 논의('20년부터 매년 개최)하고 메타버스를 구현하는 데 필요한 차세대 디스플레이 핵심 국제표준 선점을 위한 전략을 발표하였다.

3) 정부 산업전망

과기정통부는 메타버스 진흥을 위해 최소 규제 원칙을 적용해 메타버스 발전 방안을 연내에 발표 예정이고, 메타버스는 결국 빅테크가 주도하는 세상으로 관련 부처와 협력해 지원방안을 마련하고, K-콘텐츠가 빛을 발하

---

* VR 콘텐츠용 휴먼 팩터 가이드라인-VR 사용 시 가이드라인(ISO/IEC TR 23842-1) 및 VR 콘텐츠용 휴먼 팩터 가이드라인-VR 제작 시 가이드라인(ISO/IEC TR 23842-2)

도록 지원한다. 정보통신기획평가원(IITP), 2022년 ICT 10대 이슈를 발표하면서 디지털 르네상스를 이끄는 **메타버스를 첫 번째로 언급하였고**, 특히 **NFT(대체불가능토큰)가** 메타버스에 접목돼 본격적인 **가상경제 생태계 확산**으로 이어질 것이라고 전망하였다.

3. 메타버스 서비스 및 기술 동향

1) 메타버스 서비스 구분

메타버스는 초월, 가상을 의미하는 Meta와 세계, 우주를 뜻하는 Universe
의 합성어이다. 따라서 메타버스의 기본적인 의미는 현실을 초월한 가상
의 세계이며 이를 구현하기 위해서는 인터넷, 스마트폰, 컴퓨터 등 디지털
미디어와 연결되어 있어야 한다. 또한 가상현실, 증강현실, 빅데이터, 인공
지능 등의 기술 접목이 필요하며, 페이스북, 인스타그램, 카카오스토리, 인
터넷카페 등의 디지털 공간에서 활동하는 행위도 포함하기 때문에 하나
의 고정된 개념으로 설명하기가 곤란하다. 기술연구단체인 ASF(Acceleration
Studies Foundation)에서는 메타버스를 [그림 17]과 같이 증강현실(Augmented
Reality)세계, 라이프로깅(Lifelogging)세계, 거울세계(Mirror Worlds), 가상세계
(Virtual Worlds)의 4가지로 구분하여 설명하였다.

[그림 17] 메타버스 서비스 구분

첫째, 증강현실세계 사례로는 스마트폰으로 포켓몬을 잡는 게임, 자동차 앞 유리창에 길 안내 및 속도 정보 등의 이미지가 나타나는 HUD(Head Up Display), 그리고 스마트폰 앱으로 책에 있는 마커를 찍었더니 책 위에 움직이는 동물이 나오는 것 등이 있다.

둘째, 라이프로깅세계 사례로는 오늘 먹은 음식 사진을 인스타그램에 올리는 것, 페이스북에 최근에 읽었던 멋진 책 커버를 찍어서 올리는 것, 그리고 일하거나 공부하는 모습을 브이로그에 올리는 것 등이다. 이러한 디지털세계와 연결된 행위를 통해서 라이프로깅세계를 즐기고 있는 것이다.

셋째, 거울세계 사례로는 티맵이나 카카오맵 내비게이션을 통해 목적지로 운전하는 것, 화상회의 소프트웨어를 통해서 하는 원격수업 및 온라인 원격회의, 배달의 민족 앱으로 음식을 주문하는 것, 에어비앤비로 숙소를 예약하는 것 등이다.

넷째, 가상세계 사례로는 온라인 게임, 스티븐 스필버그가 제작한 영화 '레디플레이어원'에서의 스토리, 구글의 3D맵과 구글장비를 통해서 실시간 으로 즐기는 랜선투어 등이다.

2) 메타버스 관련 서비스 동향

(1) 가상공간에서의 공연

2020년 4월 화제를 모았던 '포트나이트(Fortnite)' 게임 내 트래비스 스콧 (Travis Scott, 미국의 힙합 뮤지션)의 가상 콘서트가 총 45분 공연으로 2,000만 달러(한화 약 220억 원)를 벌어들인 것으로 집계되었다. 스콧의 2019년 공연 콘서트 투어의 1일 매출이 170만 달러인 것에 비하면 수익성 면에서 10배 가 넘는 엄청난 성공이었던 것이다. Travis Scott의 가상 라이브 콘서트의 대 성공은 게임업계와 음악산업 양쪽 모두에서 큰 반향을 불러일으켰다. 당시 공연은 3D로 렌더링 된 스콧의 대형 아바타가 하늘에서 등장하는, 현실에 서는 구현할 수 없는 화려한 연출과 함께 시작되었다. 스콧은 대표곡들과 함께 신곡까지 최초 공개하면서 폭발적인 호응을 이끌어냈고, 포트나이트 이용자들은 자신의 캐릭터를 통해 게임 내 마련된 가상 스테이지에서 공연 을 만끽했다. 스콧 역시 포트나이트 공연에 대해 "현실적인 제약에 구애받 지 않고 세상을 마음대로 꾸미는 듯한 무대를 선보일 수 있었다"며 만족감 을 표했다.

코로나19 팬데믹 이후, 트래비스 스콧의 가상공간에서의 공연과 같은 인 게임(in-game) 이벤트가 음악 및 엔터테인먼트 업계의 미래 수익원으로 주

[그림 18] 가상공간에서의 공연 모습

목받았는데, 실제 경제적 성과가 확인됨에 따라 앞으로 유사한 시도가 줄을 이을 것으로 보인다. 온라인과 오프라인의 경계가 모호해지는 메타버스 (Metaverse) 시대가 가까워지면서, 게임 분야와 함께 가상공간 공연이 주류 메타버스로서 새로운 엔터테인먼트 플랫폼이 될 것이란 기대감이 커지고 있다.

(2) 가상 인간 모델의 등장

2021년 7월 1일 통합 법인 출범과 함께 신한라이프 TV 광고가 전파를 탔다. 발랄하게 춤추는 20대 여성을 보고 "신인인 줄 알았는데 놀랍게도 가상 인간이었다"며 기사가 쏟아졌다. 유튜브 조회 수가 1,000만을 넘어 이제 총 1,500만 뷰에 달한다. 그녀의 이름은 오로지, 나이는 영원히 22세, 출생지는 서울 강남구 논현동 싸이더스스튜디오엑스, 벤처 1세대 김형순 씨가 이끄는 콘텐츠 기업 로커스의 자회사다. 로커스는 광고, 게임 시네마틱,

[그림 19] 가상 인간 로지의 모습

영화 등의 VFX(시각특수효과) 분야에서 업계 최고 수준으로 꼽히며 영화와 애니메이션도 직접 제작한다. 로커스의 마케팅 총괄 이사를 겸하는 백승엽 (50) 대표와 게임 시네마틱 영상 등을 연출하던 이유리나(34) 감독이 벤처 창업하듯 자회사로 옮겨와 만든 야심작이 가상 인간 로지다.

아이돌급 미모와 몸매를 가진 버추얼 인플루언서(Virtual Influencer, 가상 유명인) 모델인 '로지(22·ROZY)'는 광고 시장을 석권할 정도로 인기가 급상승하고 있고 1년에 10억 원 이상 벌고 있다.

이러한 가상 인간을 통해 만들어진 버추얼 인플루언서 마케팅 시장에 대한 관심도가 크게 증대하고 있고, 글로벌 인플루언서 마케팅(Influencer marketing) 시장은 매년 성장을 이어가고 있으며, 2022년에는 150억 달러 (약 17조 3,970억 원)에 이를 것으로 전망된다. 이는 2019년에 기록한 80억 달러(약 9조 2,784억 원)와 비교해 약 2배가량 늘어난 수치로 엄청난 성장 잠재력을 나타내고 있는 것이다. 가상인물들은 기술 향상으로 사람과 구분하기 어려울 정도로 표현이 정교해졌고 또 버추얼 인플루언서들은 사생활 이슈나 시공간의 제약에서 자유롭기 때문에 상황에 따라 다양한 콘셉트로 활용할 수 있어 무한한 가능성을 보유하고 있다. 또한 가상 인간 인플루언서들을 활용한 마케팅은 비용적인 측면에서 효율성도 높고 실제 인물처럼 스캔들 등 돌발변수 발생 우려도 없어 주목도가 높아지고 있다. (출처: 뉴스워치 (http:// www. newswatch.kr))

세계적으로 가장 성공한 버추얼 인플루언서는 LA에 사는 19세 팝가수 릴 미켈라(팔로워 303만 명)다. 브라질계 미국인 미켈라는 2016년 등장해 이듬해 신곡도 내고 프라다·지방시 같은 유명 패션 브랜드 모델로도 활동했다. 2018년 시사주간지 타임이 선정한 '인터넷에서 가장 영향력 있는 25인'에 방탄소년단 등과 함께 뽑혔다. 지난해 130억 원(약 1,170만 달러) 넘게 번 것으로 추산된다. 릴 미켈라는 미국의 신생 기업 브러드(Brud)에서 만들었는데 이 회사는 사치스러운 백인 여성 버뮤다(팔로워 29만 명), 섹시한 남성 블로코22(팔로워 15만 명)도 제작해 내놓았다. 트럼프를 지지하는 성향의 버뮤다가 미켈라의 인스타그램 계정을 해킹하고, 또 둘이 화해했다면서 같이 찍은 사진을 올리는 등 화젯거리를 계속 생산해 낸다.

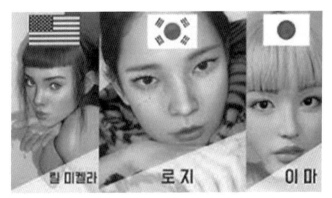

[그림 20] 국가별 인기 있는 가상 인간 모델 (미국, 한국, 일본)

제일 유명한 가상 남성은 미국 애틀랜타에 사는 21세 청년 녹스 프로스트(팔로워 73만 명)다. 지난해 코로나가 확산되자 세계보건기구(WHO)는 젊은이들에게 코로나의 위험성을 알리는 캠페인을 녹스 프로스트에 맡겼다.

패션계에서 주목받는 버추얼 인플루언서는 2017년 등장한 아프리카계 슈두(팔로워 22만 명)다. 영국의 사진작가 캐머런-제임스 윌슨이 "실제 모델로 패션사진 찍는 데 더 이상 매력을 느끼지 못하겠다"면서 만든 가상 인간이 슈두다. '세계 최초의 가상 수퍼모델' 슈두에 이어 6명의 가상 모델을 더 만들어 아예 가상 모델 대행사까지 차렸다. 이 회사에는 준영이라는 한국 이름의 남자 가상 모델도 있다. 일본에서는 분홍색 단발머리가 특징인 이마(팔로워 34만 명)가 이케아 점포 모델로 기용돼 눈길을 끌었다.

연예인도 유명세가 다르듯 가상 인간도 마찬가지다. 등장한 지 몇 년 지나도록 별 주목을 못 받는 무명들도 있다. 2018년 두바이에 등장한 라일라 블루는 중동 최초의 가상 인플루언서로 눈길을 끌었지만 3년 넘도록 인스타그램 팔로워 수가 1,000명이 안 된다. 나라마다 버추얼 인플루언서에 대한 활용도가 다르기 때문이다.

(출처: https://www.chosun.com/national/national_general/2021/08/06/7FEG4VT
KYFBTZPT3VEYFZPWKCA/)

(3) Z세대 온라인 놀이터, 메타버스 가상공간

중학교 1학년 김지윤 양은 요새 집 밖으로 나가서 놀지 않은 지 꽤 됐다. 대신 가상공간 '제페토'에서 논다. 김 양은 걸그룹 블랙핑크 제니와 로제에게 직접 사인을 받았다. 블랙핑크가 찍은 '아이스크림' 뮤직비디오 세트장에서 직접 셀카도 찍었다. 모두 제페토에서 이뤄진 일이다. 김 양은 "요새

학교에서 제페토 안 하는 친구는 없다. 코로나19로 집콕 생활이 늘어나면서 친구들과 모두 제페토에서 만났다"며 "블랙핑크 언니들 사인회도 갔는데, 방탄소년단 오빠들도 사인회를 열었으면 좋겠다"고 밝혔다.

가상세계를 뜻하는 메타버스(Metaverse)가 Z세대(1997년 이후 출생한 세대)의 온라인 놀이터가 되고 있다. Z세대의 놀이터로 시작한 가상세계 열풍은 가상세계 커뮤니티를 형성했고, 가상 수집카드 외 가상지구 등 새로운 형태의 메타버스 상징물들이 줄줄이 나오는 모습이다.

[그림 21] Z세대의 놀이터, 메타버스 공간

(그림 설명: 가상세계인 '3D 제페토 월드맵'에서 구찌 본사가 위치한 이탈리아 피렌체 배경의 '구찌 빌라'에서 제품을 직접 착용해 보고 다른 이용자와 만나 소통할 수도 있다.)

네이버 자회사 네이버제트가 개발한 AR 기반 3D 아바타 앱 '제페토'가 대표적인 놀이터다. 코로나19 팬데믹 여파로 직접 만나지 않고도 전 세계 어디서나 소통할 수 있는 가상공간의 중요성이 커지면서 제페토는 메타버스 시장을 정조준하고 있다. 2018년 출시 이후 올해 2월 기준 제페토 가입자 수만 2억 명을 돌파했다. 특히 지역을 기준으로 따져보면 제페토 전체 서비스 이용자의 90%가 해외 이용자이고, 연령대 기준으로 보면 전체 이용자의 80%가 10대다.

(4) 가상공간에서의 부동산 거래

가상 아바타 월드, 가상화폐, 가상 수집카드에 이어 지구를 그대로 복제한 가상공간도 출몰했다. 'Earth2.io'는 온라인 공간에 구현한 '가상지구'다. 가로세로 10m 크기의 타일로 지구를 나눠서 사람들에게 판매한다. 이곳에서 전 세계 유명 도시와 대표 유적지들을 구매할 수 있다. 워싱턴과 뉴욕 등 북미, 파리와 로마 등 유럽, 한국의 서울 등 전 세계 지역의 땅을 구매할 수 있는데, 유명 지역들은 이미 작년 말에 비해 수십 배 가격이 올랐다.

땅을 구매한 30대 김민규 씨는 "초창기 가상화폐 거래소가 막 출현하던 시절을 떠올려보면, 온라인에서 잘 알지도 못하는 코인을 거래하는 게 말이 안 되지 않았나. 근데 지금 비트코인 하나에 5,000만 원이 넘는다"며 "미래에는 이곳 가상지구의 땅 가격도 폭등할 수 있으리라는 생각에 투자했다"고 밝혔다. 실제로 한 국내 사용자는 2020년 12월 8만 원에 반포 아크로리버파크를 포함해 주변 땅들을 모조리 사들였는데, 현재 사들인 곳의 가치가 400만 원에 가까운 것으로 전해졌다. 또 다른 국내 사례는 압구정 H아파트 한 동이 4.4달러였던 것이 불과 수개월 만에 898달러로 상승해서 200배가 오른 경우도 있다.

[그림 22] 가상공간의 부동산 가격 현황

다만 블록체인 기술에 기반한 가상화폐와 달리 가상지구에 투자하는 것은 경계해야 한다. 왜냐하면 Earth2 거래는 해당 플랫폼을 통해 이뤄지고, 플랫폼이 갑작스럽게 닫혀도 투자 자산이 보장되지 않을 수 있기 때문이다.

(5) Web 3.0 플랫폼으로의 변화, 메타버스

1990년대 인터넷인 Web 1.0 탄생 이후 플랫폼은 모바일인 Web 2.0 시대를 거쳐서 2020년 이후 메타버스인 Web 3.0으로 진화하고 있다. 이러한 발전과정에서 가장 눈에 뜨이는 메타버스의 차이점은 탈중앙화 현상을 보이는 것이다. 즉, [그림 23]에서 보는 바와 같이 인터넷과 모바일 세대에서는 콘텐츠의 중앙집권화 형태를 보였으나 메타버스에서는 기존에 없었던 사용자의 참여가 가능해지고 있다. 즉 Web 3.0 플랫폼에서는 Creator Economy가 생기기 시작한 것이다.

이러한 Creator Economy의 대표적 사례가 로블록스나 제페토인데, 이들 게임 안에서는 가입한 사용자가 스스로 자신이 원하는 캐릭터를 만들어서 친구들과 게임을 하거나 몬스터를 사냥하는 등 현실에서 하는 대부분의 일을 하는 것이 가능하다. 이러한 사용자들의 창의적인 참여를 통해서 실제로

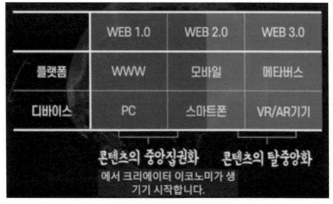

[그림 23] 디지털 플랫폼의 변화

수익을 창출하기도 하는 구조로 발전하고 있으며, 실제로 가상공간에서 연봉 수억 원의 십 대 게이머가 등장하고 있기도 하다. 이 때문에 메타버스를 통해서 새로운 경제활동이 이루어지고 있다는 해석이 나오는 것이다.

향후 전망으로는 메타버스 세계 안에서 아이템을 제작하고 그 메타버스 안에서 판매가 이루어지는 형태로 발전하면서 가상공간에서 새로운 시장이 형성됨으로써 메타버스에 편승하는 것이 탁월한 마케팅 전략이 될 수도 있을 것이다.

(6) 1인이 N개의 직업도 가능

IT회사에 다니는 프로그래머 30대 A씨는 코로나로 인해 재택근무를 하게 되면서 다른 관련된 작업을 개인적으로 다른 회사로부터 수주하게 되면서 프리랜서로 2개의 일을 하게 되었다. 처음에는 한시적으로 2개 회사의 일을 할 생각이었으나 점차 재택근무 조건에 적응해 가면서 2개 회사뿐 아니라 그 이상의 회사 일도 가능할 수 있겠다는 생각이 들었다. 재택근무가 생활화되면서 A 씨와 같은 경우가 점차 늘어나고 있는 것이다. 즉 일자리에 대한 새로운 트렌드를 형성하게 되면서 [그림 24]처럼 N잡러의 필수 사항까지 등장하게 되었다.

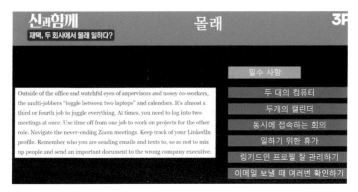

[그림 24] 2개 이상 회사 일을 동시에 할 때 필수 사항

〈N잡러가 알고 있어야 할 필수 사항〉
- N개의 컴퓨터
- N개의 캘린더
- 동시에 접속하는 회의
- 다른 회사 일을 하기 위한 휴가
- 링키드인 등과 같은 잡소개 사이트 잘 관리하기
- 이메일 보낼 때 수신처가 확실히 맞는지 재확인하기

(7) 메타버스 서비스 시장 규모

증강현실, 가상세계, 라이프로깅, 거울세계 등으로 분류되는 메타버스 서비스 시장의 규모는 [그림 25]처럼 향후 급격히 증가할 것으로 예상된다.

[그림 25] 메타버스 시장 규모

PWC 등 다수의 전문컨설팅 업체 발표에 의하면 2030년에는 약 1,700조 원 규모로 성장할 것으로 분석되었다. 따라서 지금은 Creator Economy 형태에서 요구되는 새로운 마케팅 시대가 도래하고 있기 때문에 메타버스 관련 기술 및 산업에 더욱 주목할 시점이라고 판단된다.

3) 메타버스 기술 동향 및 적용 분야

가상현실 세계 관점으로 바라본 메타버스의 핵심기술은 XR(eXtended Reality, 확장현실)이며 메타버스의 실현에 중요한 기술요소는 네트워크와 콘텐츠(데이터)라고 할 수 있다. 최근 메타버스와 함께 주목받고 있는 XR기술은 VR, AR, MR, 실감기술 모두를 포함하는 기술이며 의료, 제조, 교육 등 경제 전반에 확산되어 생산성을 만들어내고 있다. 이러한 특성의 메타버스와 관련된 기술은 네트워크 측면의 블록체인 기술, 콘텐츠 측면의 빅데이터 기술, 그리고 XR 측면의 인공지능 기술로 요약될 수 있다.

인터넷이 글로벌 정보를 하나의 공간에서 활용하는 것이라면, 블록체인은 디지털 데이터베이스를 하나의 공간에 모아 둔 것이다. 이를 통해 가상자산을 만들고 거래하는 한편 가상자산 소유권을 보장하는 가장 좋은 방법으로서 블록체인망에 저장할 수 있도록 하는 것이다.

인공지능은 메타버스에서 활동하는 무결점 인공지능인 가상 인간, 인플루언서를 만드는 데 핵심기술이다. 인공지능이 발전할수록 이용자에게는 친구가 많아지고, 고용주에게는 일꾼이 많아지게 되는 것이며, 노동자에게는 일자리가 없어진다는 상호 상반된 이해관계가 발생하게 된다.

빅데이터는 메타버스를 통한 부가가치를 만드는 데 필요한 원유라고 할 수 있다. 이 때문에 최근 빅테크 기업들에는 메타버스보다는 빅데이터에 집중하라는 구호가 등장하였고, 빅테크들이 서로 간에 소리 없는 데이터 전쟁을 하는 이유이다.

[표 6] 메타버스 기술 적용 분야

구분	적용 분야
제조 분야	제품 디자인, 생산, 정비, 교육 - 반도체기업 글로벌 파운드리스, 표준화된 작업 지침을 AR로 구현 - 벤츠, 대리점 정비사에게 필요한 차량정비정보 제공, 사내 전문가 원격지원 MR로 구현
의료 분야	환자 수술 등 의료인력개발 분야에서 성과 - AR로 구현된 환자의 척추구조를 수술 부위에 겹쳐 정확한 수술 위치 파악/시술 지원 - MR로 심장수술 시 필요한 환자의 해부학 정보를 시각화하여 제공
교육 분야	- VR 기반의 원격 회의/교육 공간 제공 - 가상 강의실, VR 모의 면접 프로그램
문화 분야	- 비대면 온라인 공연, 행사, 각종 회의 - AI를 접목한 인터랙티브VR 영화제작, VR 전시 이벤트
국방 분야	XR기술 기반 훈련 및 전장정보 제공 - 전투기 조종사 훈련용 공중전 시뮬레이션, VR기반 전투훈련 프로그램 - 실시간 전장정보 전달 위한 전투용 MR HMD - VR 낙하 훈련 시뮬레이션
비즈니스	- 컨벤션(MICE): 가상전시 공간 제공 - 게임/스포츠: 제페토, 로브록스, 포트나이트, 닌텐도, 호라이즌 - 여행: 랜선투어

III

메타버스 기술 표준 및
제도 개선 방안

1. 클라우드 기반 기술 및 활용

1) 클라우드컴퓨팅의 개념과 표준 정의

클라우드컴퓨팅은 가상화된 정보 기술(IT) 자원을 서비스로 제공함으로써, 사용자는 IT 자원(소프트웨어, 스토리지, 서버, 네트워크, 플랫폼 등)을 필요한 만큼 사용하고, 서비스 부하에 따라서 실시간 확장성을 지원받으며, 사용한 만큼 비용을 지불하는 컴퓨팅 기술로서 대규모의 컴퓨팅 기술 제공과 더불어 실시간 데이터 처리를 요구하는 초저지연 서비스 제공을 위한 엣지 컴퓨팅 영역을 포함하고 있다.

미국의 국립표준기술연구소(NIST) 정의에 따르면, 클라우드컴퓨팅이란 네트워크, 서버, 스토리지, 애플리케이션, 서비스 등의 컴퓨팅 리소스에 언제든지 편하게 접근할 수 있는 기술이다. 쉽게 말해 언제 어디서나 접근이 가능한 서버를 빌려주는 것으로 정의하면서 배모 모델에 따라 프라이빗(Private) 클라우드, 커뮤니티(Community) 클라우드, 퍼블릭(Public) 클라우드, 그리고 하이브리드(Hybrid) 클라우드로 구분하였고, 서비스 모델에 따라서는 SaaS(Software as a Service), PaaS(Platform as a Service), IaaS(Infrastructure as a Service)로 구분하고 있다. 또한, 클라우드컴퓨팅의 필수 요소로 주문형 셀프

[그림 26] 클라우드컴퓨팅 기술 개요도 (출처: ICT 표준화전략맵 Ver.2021)

서비스(On Demand Self-Service), 광범위 네트워크 접근(Broad Network Access), 빠른 탄력성(Rapid Elasticity), 리소스 풀링(Resource Pooling), 측정 가능한 서비스(Measured Service)로 정의하고 있다.

국제표준 ISO/IEC 17788 : Information technology – Cloud computing – overview and vocabulary는 클라우드컴퓨팅을 셀프서비스 프로비저닝 및 온디맨드 관리를 통해 공유 가능한 물리적 또는 가상 리소스의 확장 가능하고 탄력적인 풀에 대한 네트워크 액세스를 지원하는 패러다임으로 정의하면서 NIST의 클라우드 필수 요소에 멀티 테넌시(Multi Tenancy)를 추가하여 현재 클라우드컴퓨팅 서비스의 진위 여부 판단의 척도로 활용되고 있다.

2) 클라우드컴퓨팅 시장 규모와 선도 기업

　'21년 클라우드컴퓨팅의 시장 규모는 '17년 1,453억 달러 대비 91.5% 증가한 2,783억 달러로 가트너는 '17년부터 '21년까지 전 세계 퍼블릭 클라우드 시장이 연평균 약 17.6%씩 성장할 것으로 예상했다. 현재의 클라우드 컴퓨팅 서비스는 AWS가 규모의 경제를 바탕으로 시장 지배적 위치를 계속 유지할 수 있는 선순환 사이클을 확보하고 압도적 시장 지위를 유지하는 가운데 시장 진입이 늦었으나 MS는 'Cloud First' 전략을 바탕으로 최근 미국 국방부와의 PPP(Public Private Partner)와 메타버스 도입을 통해 AWS를 맹추격하고 있으며 구글도 플랫폼 영역에서의 강점과 머신러닝 분야의 우위를 바탕으로 빠르게 성장하고 있다. 그리고 중국 정부의 적극적인 지원에 힘입어 중국 시장을 중심으로 빠르게 성장하고 있는 알리바바와 텐센트는 아시아ㆍ태평양 지역에서 시장점유율 2위와 5위를 기록하였고 일부 조사에서는 알리바바의 전 세계 점유율을 IBM에 앞선 4위로 평가하고 있다.

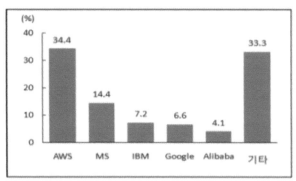

주　　: 2018년 3분기, IaaS 및 PaaS 시장 기준
자료 : Synergy research group(2018.10)

[그림 27] 클라우드컴퓨팅 선도기업의 시장점유율

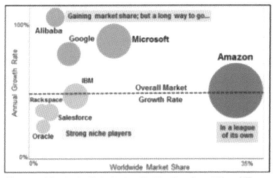

주 : 2018년 2분기, IaaS 및 PaaS 시장 기준
자료 : Synergy research group(2018.7)

[그림 28] 클라우드컴퓨팅 선도기업별 경쟁 포지션

국내 클라우드컴퓨팅의 시장은 2019년을 기준으로 전년 대비 22% 증가한 2.44조 원이며 SaaS가 전체 시장의 43.4%를 점유하여 가장 큰 비중을 차지하고 있다. 기술 수준에서는 '17년 ICT 기술 수준 조사보고서에 따르면 미국을 100으로 할 때, 한국의 클라우드 기술 수준은 75.1로 미국, 유럽, 중국, 일본과 비교했을 때 가장 낮은 것으로 평가되며 세부 분야 중에서 클라우드 플랫폼 사업화 기술은 훨씬 더 큰 격차를 보이고 있다. 클라우드 사용률에서도 '15년 기준 12.9%의 사용률을 기록하여 그리스, 폴란드, 터키, 멕시코와 함께 가장 사용률이 낮은 국가에 포함되었고 OECD 국가 중 최하위 수준에 머무르고 있는 실정이다. KT, NBP, NHN, 카카오, SK C&C 등 대기업 및 티맥스에이엔씨, 더존비즈온 등 중소기업에서도 다양한 클라우드 서비스를 제공하고 있다.

아마존 등은 거대한 데이터센터를 구축, 가상공간에서 개인이나 기업에 다양한 소프트웨어나 솔루션을 제공하면서 운영을 위한 비용을 절감할 뿐만 아니라 이용 환경의 유연성을 높이기 때문에 클라우드컴퓨팅 혁명으로 까지 일컫는다. 클라우드컴퓨팅 서비스의 이용이 스마트 행정 · 교육 · 인프라 · 제조 · 농업 · 물류 · 의료 등 각종 산업 전반까지 널리 확산됨에 따라 국가나 기업의 중요 업무 시스템, 정보 네트워크와 이로 인해 파생되는 데이터를 미국 클라우드컴퓨팅 기업에 크게 의존하게 되는 우려가 있다.

3) 클라우드컴퓨팅 사실 표준화

클라우드컴퓨팅 국제표준화는 그동안 클라우드컴퓨팅 선도 기업들의 주도하에 사실 표준화 기구 중심으로 진행되어 왔으며, DMTF, SNIA, OASIS, OGF, IEEE 등을 통해 다양한 표준화 시도가 되고 있다. ISO, ITU-T와 같은 공적 표준화 기구 외에 클라우드컴퓨팅을 위한 사실 표준화 기구는 약 20여 개가 되며, 그중에서 중요 표준화 기구의 활동은 [표 7]과 같다. 다양한 이슈들이 다수의 분산된 이해집단(사실 표준화 기구)을 통해 추진되면서 DMTF 등 일부 사실 표준화 기구를 제외한 대부분의 활동 결과는 아직 국제표준으로서의 명분을 가지기에는 불충분한 면이 있고 글로벌한 공감대 형성이 부족하였으며, 실질적인 적용과 활용 사례가 부족했기 때문이다. 오히려 최근에는 오픈스택(OpenStack), 도커(Docker), 쿠버네티스(Kubenetes) 등과 같은 오픈소스 기반의 클라우드 플랫폼이 활용 가치를 높이며 사실상의 표준으로 대두되는 추세이기도 하다. 따라서 이렇게 분산된 클라우드컴퓨팅 표준화 활동들은 보다 집중화될 필요가 있으며, 조속히 글로벌 공감대를 형성하여 공통의 표준개발이 필요하다는 요구 사항이 증가하고 있다.

[표 7] 클라우드컴퓨팅 관련 사실 표준화 기구의 주요 표준화 범위

기구명	주요 표준화 범위
OCC (Open Cloud Consortium)	• 클라우드 간 상호호환성을 위한 표준과 프레임워크를 개발, 클라우드 컴퓨팅을 위한 참조 구현, 그리고 클라우드 컴퓨팅 테스트베드 관리를 목표로 설립된 비영리 컨소시엄
CCIF (Cloud Computing Interoperability Form)	• 글로벌한 클라우드 컴퓨팅 생태계를 목표로 설립된 기구로서 단일화된 방법으로 정보를 교환하는 하나 이상의 클라우드 플랫폼을 위한 프레임워크와 온톨로지 개발을 목표. UCI(Unified Cloud Interfaca)는 CCIF에서 추진중인 프로젝트로 다양한 클라우드 API를 통합하여 표준화 되고 개방된 클라우드 인터페이스를 개발
DMTF (Distributed Management Task Force)	• 기업 및 네트워크 환경을 대상으로 분산 IT 자원관리 표준 및 통합 기술을 개발하여 상호호환성을 보장하기 위한 표준 개발, 오픈 클라우드 표준 인큐베이터(Open Cloud Standards Incubator)를 통하여 공공 클라우드(public cloud)와 개인 클라우드(private cloud)간 상호 호환에 대한 표준 개발하고 있으며, 가상 머신 포맷의 표준인 OVF를 개발
OGF (Open Grid Forum)	• 가상화된 인프라스트럭처의 관리, 자원 확보 및 공유, 자원 모니터링과 개량, 동적인 자원 제공 표준 개발
SNIA (Storage Networking Industry Association)	• 스토리지 관련 표준, 기술, 교육 등을 지원하는 비영리 단체로서 최근 Cloud Storage Initiative(CSI) 구성을 선언하고 성공적인 클라우드 스토리지 시장 확대를 위한 관련 기술문서 및 인터페이스 표준 개발
OMG (Object Management Group)	• 이식성, 상호운용성, 재사용성을 위한 클라우드 컴퓨팅 응용 및 서비스 모델링 표준 개발
ETSI (European Telecommunication Standards Institute)	• TC GRID에서는 IT와 텔코간의 컨버전스에 관련된 이슈를 다루는 기술위원회로서 클라우드 컴퓨팅의 IaaS를 텔코 진영에서 사용하기 위하여 표준 기반의 검증 도구와 글로벌 표준 개발을 목표
CSA (Cloud Security Alliance)	• 클라우드 컴퓨팅 보안 보장을 위하여 모범 사례 및 보안 가이드라인을 개발하고, 다양한 형태로 클라우드 컴퓨팅에 보안 제공 및 이에 대한 교육을 제공하기 위한 기구, CSA는 DMTF와 파트너십을 체결하여 CSA의 보안 관련 활동 중 표준에 대한 부분은 DMTF와 협력하기로 하였음

4) 클라우드컴퓨팅 표준 개발 현황

ISO/IEC JTC 1/SC 38은 2009년 JTC 1(정보기술) 기술위원회 산하에 '분산 어플리케이션 플랫폼 및 서비스'라는 이름으로 출범한 이후 ITU-T SG13과 공동 표준을 개발하는 등 클라우드컴퓨팅 관련 표준화를 수행하였

으며, 2014년 10월 SC의 명칭을 '클라우드컴퓨팅 및 분산 시스템'으로 변경하고 현재는 산하에 두 개의 작업반(WG: Working Group) WG 3, WG 5를 운영하고 있다. WG 3은 클라우드컴퓨팅의 기반 기술에 대한 표준화를 진행하고 있으며, WG 5는 클라우드컴퓨팅 내부에서 사용되는 데이터에 대한 표준화를 담당하고 있다. WG 3에서는 ISO/IEC 19086 시리즈(정보기술 - 클라우드컴퓨팅 - SLA 프레임워크) 표준을 개발 완료한 뒤 현재는 기존 표준에서 다루지 못하고 있는 클라우드컴퓨팅 용어(ISO/IEC 22123-1, Information technology — Cloud computing — Part 1: Terminology) 및 개념 (ISO/IEC 22123-2, Information technology — Cloud computing — Part 2: Concepts) 표준을 개발하고 있으며, 이 외에도 클라우드 멀티 클라우드 개념 표준 및 클라우드 감사 서비스에 대한 기술보고서를 개발 중이다. WG 5에서는 기존에 개발된 ISO/IEC 19944(Cloud computing — Cloud services and devices: data flow, data categories and data use) 표준을 개정하면서 기반기술, 응용 및 확장 가이드의 두 표준으로 분리하여 내용 확장을 포함한 개정을 진행하고 있으며, 다양한 클라우드 간 데이터 공유를 위한 데이터 공유 협약(ISO/IEC 23751, Information technology — Cloud computing and distributed platforms — Data sharing agreement (DSA) framework) 표준도 개발 중이다.

ITU-T SG13(미래 네트워크)에서는 산하 세 개의 연구과제 Q.17, Q.18, Q.19에서 클라우드 관련 표준화를 진행하고 있으며, Q17은 클라우드컴퓨팅에 일반 요구사항, 생태계, 기능에 대해, Q18은 클라우드 기능 구조, 인프라 및 네트워킹에 대해, Q19는 종단 간 클라우드컴퓨팅 운영 및 보안에 대한 표준화를 진행하고 있다. 그간 SG13에서는 'Y.3500: 정보 기술 - 클라우드컴퓨팅 - 개요 및 용어', 'Y.3501: 클라우드컴퓨팅 프레임워크 및 기본 요구사항' 및 'Y.3502: 정보 기술 – 클라우드컴퓨팅 – 참조 구조' 표준과 같은 클라우드컴퓨팅의 기반을 구성하는 표준을 시작으로 2020년 6월 현재까지 총 20여 건의 권고안을 개발하였다. 2019년 10월 개최된 SG13 국제 회의에서는 클라우드컴퓨팅 스토리지 간의 연합을 다루는 표준인 'Y.3509: Cloud computing – Functional architecture for Data Storage Federation' 표준 및 클라우드의 성숙도를 측정하기 위한 'Y.3524: Cloud computing maturity requirements and framework' 표준이 승인되었고 엣지 컴퓨팅의 관련 표준의 요구사항이 증가함에 따라 엣지 컴퓨팅 매니지먼트를 위한 Y.ccecm(Cloud Computing – Requirements of edge cloud management) 표준안의 신규 개발 착수가 승인되었다. 이 외에도 클라우드 컨테이너 요구사항(Y.cccm-reqts), 멀티 클라우드 요구사항(Y.mc-reqts) 및 클라우드 기반의 머신러닝(Y.MLaaS-reqts) · 블록체인(Y.BaaS-reqts) 등 다양한 클라우드 기반 · 응용 표준이 개발되고 있으며, 국내 전문가가 적극적으로 참여하여 클라우드 컴퓨팅 표준화의 주도권을 가지고 개발이 진행되고 있다.

한국정보통신기술협회(TTA)는 산하 표준화위원회에서 다양한 클라우드 컴퓨팅 관련 표준을 개발해 오고 있다. 2010년 1월 정보기술 융합 기술위원회 산하에 클라우드컴퓨팅 프로젝트그룹을 출범한 후 현재는 지능정보기반 기술 기술위원회 산하에서 계속해서 표준화 활동을 진행하고 있다. 클라우드컴퓨팅 프로젝트그룹은 현재까지 클라우드컴퓨팅 용어, 공공 부문 데스크톱 클라우드 도입 지침 등 90여 건의 단체표준 및 기술보고서를 제정하였으며, 현재는 서버 리스 플랫폼 도입 지침 및 컨테이너 자원 예약 인터페이스 등의 표준을 금년 제정을 목표로 개발이 진행 중이다.

2009년 7월 TTA의 표준화 전략포럼 지원으로 클라우드컴퓨팅 포럼이 새

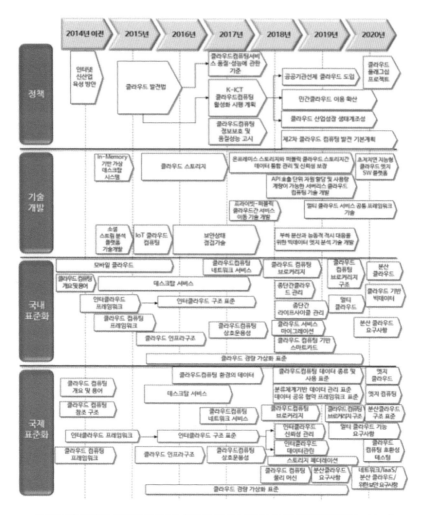

[그림 29] 연도별 클라우드컴퓨팅 현황과 표준화 (출처: ICT표준화전략맵 Ver.2021)

롭게 발족된 후 정책 및 인증 분과 등 산하 6개 분과로 구성되어 표준화 활동을 수행하였으며, 현재는 All@CLOUD포럼으로 명칭을 변경 및 산하 분과를 표준개발분과와 표준보급확산분과 두 개의 분과로 개편하여 운영되고 있다. 현재 All@CLOUD포럼은 산업계 21개사, 학계 8개사, 연구계 6개사 등 총 35개사가 회원사로 활동하고 있으며, 2020년 6월 현재까지 클라우드 데스크톱 서비스, 클라우드 인프라 등의 분야에서 총 77건의 표준을 제정하였다.

5) 한국의 클라우드 정책과 동향

국내 클라우드 산업 발전을 위해 정부에서는 클라우드컴퓨팅 산업 발전을 위해 '클라우드컴퓨팅 발전 및 이용자 보호에 관한 법률' 등의 법률을 세계 최초로 제정하여 관련 산업 육성을 위한 기반을 마련하였다.

[표 8] 클라우드컴퓨팅 발전 및 이용자 보호에 관한 법률 주요 내용

구분	주요 내용
기반 조성	• 3년마다 기본계획 수립하고 매년 시행계획 수립 • 클라우드 컴퓨팅 산업 현황과 통계 확보를 위한 실태조사 실시 • 연구개발 및 시범사업 추진 및 지원 • 세제 지원 및 클라우드 관련 중소기업 지원 규정 명문화
이용 촉진	• 국가기관 및 공공기관의 클라우드 도입 촉진 규정 • 클라우드 도입 시 인허가 등의 요건인 전산설비를 구비한 것으로 의제 • 클라우드 사업자간 상호운용성 확보를 위한 협력 체계 구축 권고
이용자 보호	• 품질 · 성능 · 정보보호 수준 향상을 위한 기준 고시 • 표준계약서 마련 및 침해사고 즉각 통지 규정 • 이용자 정보가 저장된 국가의 명칭 공개 및 이용자 정보의 제3자 제공 금지

과학기술정보통신부에서는 제1차와 제2차 기본계획을 거쳐 2021년 9월 '제3차 클라우드컴퓨팅 발전 기본계획'을 통해 구체적인 산업 지원 방향을

제시하고 있다.

　금융위는 금융회사가 자율적으로 안전하게 클라우드를 활용할 수 있도록
'19.1.1일부터 전자금융감독규정을 개정·시행하여 과거 비중요 정보만 클
라우드에서 처리할 수 있었으나, 개인신용정보 등의 중요 정보도 클라우드
에서 이용할 수 있도록 허용하여 금융회사의 핵심 업무도 클라우드를 활용
할 수 있도록 하였다.

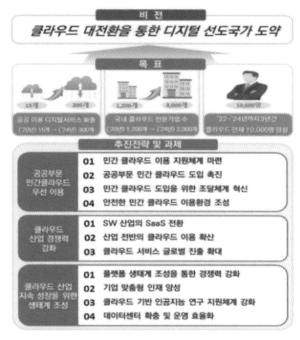

[그림 30] 제3차 클라우드컴퓨팅 기본계획 비전과 목표

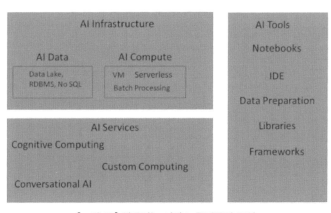

[그림 31] 인공지능 서비스 플랫폼의 구성

6) 클라우드와 AI, 그리고 메타버스

(1) 클라우드와 AI

인공지능 플랫폼은 인공지능 제공을 위한 AI 인프라, AI 개발을 위한 AI 도구, 그리고 AI를 서비스로 제공하는 AI 서비스 영역으로 구성된다.

API 형태 AI 서비스 및 서비스형 머신러닝 엔진 제공과 같이 인공지능을 클라우드컴퓨팅 서비스와 결합한 형태로 제공하는 AI as a Service(AIaaS)가 고속 성장세를 보인다. AIaaS를 이용하면 AI를 모르는 개발자도 API 형태로 제공되는 AI를 이용해 쉽게 AI 서비스를 제공할 수 있다. 한 시장조사 기관에 따르면 2018년 15.2억 달러(1.82조 원) 규모였던 AIaaS 시장은 연평균 48.2% 성장해 2023년에는 108.8억 달러(13.05조 원)에 도달, AI가 퍼블릭 클라우드 서비스 전체 매출의 약 50%를 차지할 것으로 보인다. AIaaS는 특히 빠르고 안정적이며, 비교적 저렴하게 AI 기술을 도입할 수 있다는 점에서 자체적으로 AI 기술을 개발할 역량이 부족한 기업들에 인기를 끌고 있다. AI는 머신러닝 모델을 개발하는 것이 전부가 아니다. 머신러닝 모델을 개발해 서비스 형태로 배포하고 실제 데이터를 이용해 예측을 수행, 자동화하는 것도 포함된다. 기업들은 가진 데이터를 이용해 머신러닝 모델을 직접 개발하기도 하지만 타사에서 개발한 오픈소스 또는 서비스 형태로 제공하는 머신러닝 모델을 그대로 이용할 수도 있다. 이 경우 빠르게 자사 업무에 AI를 적용할 수 있는데, 이것이 바로 AIaaS로 최근 들어 시장에서 큰 주목을 받고 있다.

AIaaS는 클라우드 기반의 AI 서비스를 제공받아 AI를 쉽게 구축할 수 있도록 한다. 클라우드는 사용한 만큼의 비용을 낸다. 하지만 AI 서비스는 일반적으로 엄청난 클라우드컴퓨팅 파워를 사용한다. SW 업그레이드, 이슈 관리, 가용성 등만 고려하면 AIaaS가 직접 구축하는 것에 대해 비용 면에서 유리한 점이 별로 없어 보이지만 클라우드는 숨어 있는 비용이 훨씬 저렴하다. AI를 개발하면 AI를 구축하기 위한 인프라 외에 엔지니어 고용 비용, 데이터 구매 비용, 컴퓨팅 자원 등의 비용을 모두 고려해야 한다는 것이다. 또한, 지속해서 이슈가 발생하면 이를 계속 관리해야 한다는 점도 생각해야 하며 이러한 관리 비용을 고려하면 AIaaS가 직접 구축하는 것보다 비용 등의 면에서 유리한 점이 많다. 이 외에도 최신 모델 업그레이드 면에서도 유용하다.

시장조사 기관인 트라티카(Tratica)와 마켓 앤 마켓(Market & Market)에 따르면 AIaaS 시장은 2018년 15.2억 달러(1.82조 원) 규모를 형성했다. 이 시장은 연평균 48.2%가량 성장해 2023년에는 108.8억 달러(13.05조 원)에 이를 것이며, AI가 퍼블릭 클라우드 서비스 전체 매출의 최대 50%를 차지할 것으로 전망된다.

(2) 클라우드와 메타버스

메타버스는 기술 요소로 보자면 가상/증강 현실(VR/AR)을 구현하기 위한 디바이스와 소프트웨어 플랫폼으로 설명될 수 있다. 대규모의 복잡도 있는 3D 모델을 렌더링하고, 고속 · 초저지연으로 스트리밍할 수 있는 기술이 필요한데 이러한 특성으로 인해 클라우드가 메타버스와 관련성을 갖게 된다. 대규모 데이터에 기반한 연산을 경제적으로 수행하고, 그 결과를 초저지연으로 전달할 수 있는 인프라로 클라우드가 적합하기 때문이다.

클라우드 관점에서의 메타버스는 중앙 집중형 클라우드(Centralized Cloud)와 엣지 클라우드(Edge Cloud)가 결합된 SaaS 형태의 서비스라고 할 수 있다. [그림 32]는 '클라우드컴퓨팅'과 기술 간의 연계도를 나타낸다. 이 연계도는 메타버스 서비스 구현을 위해 필요한 엣지 클라우드, 실감방송 · 미디어, 그리고 인공지능이 클라우드컴퓨팅과 연계되어 있어 메타버스 독립적인 생태계가 아닌 클라우드컴퓨팅의 생태계에서 메타버스 산업이 형성됨을 의미한다.

[그림 32] 클라우드컴퓨팅과 기술 간의 연계도 (출처: ICT표준화전략맵 Ver.2021)

이와 관련하여 2021년 9월에 발표한 과학기술정보통신부의 '제3차 클라우드컴퓨팅 기본계획(22~24)'에서는 클라우드가 견인하는 디지털 경제에 메타버스를 내포하고 있음을 확인할 수 있다.

◇ 클라우드는 디지털 경제를 견인하는 핵심 인프라

□ 클라우드는 대용량의 데이터를 **수집·저장·처리**하여 **인공지능(AI) 기반 산업 혁신**을 촉발하는 **디지털 경제의 핵심 인프라**

   ※ 세계 데이터 유통량은 연 61% 성장할 예정이며('25년 175제타바이트), 이 중 94% 이상의 데이터가 클라우드에서 처리될 것으로 전망(Cisco, '20)

□ 최근 클라우드는 **타 기술 및 산업과 융합**하여 온·오프라인의 대부분의 서비스가 클라우드화되며 **XaaS*(Everything as a Service)**로 **개념 확장** 중

   * <1세대> 클라우드 인프라(컴퓨팅 파워, 스토리지 등) → <2세대> 클라우드 인프라·플랫폼·서비스 → <3세대> 서비스화 되는 모든 것(AI, AR·VR, 블록체인, IoT 등)

   ○ 데이터, 인공지능 등 **신기술**, 자율주행·스마트 공장 등 **신산업**이 클라우드를 기반으로 쉽고 빠르게 이루어져 **디지털경제 촉진**

[그림 33] 클라우드의 중요성과 미래 (출처: 제3차 클라우드 기본계획 본문)

7) 클라우드컴퓨팅과 메타버스 표준 개발 방향 예측

향후 국내에서는 서버 리스 컴퓨팅, 엣지 컴퓨팅 등 클라우드 신기술 분야와 함께 특정 공급기업에 락인(lock-in) 되지 않고 상황에 맞는 최적의 시스템을 활용할 수 있는 장점이 있는 멀티 또는 하이브리드 클라우드에 대한 수요가 늘어날 전망인데 표준화가 중점적으로 진행될 것으로 보인다.

클라우드 도입 목적이 IT 관리 효율화에서 빅데이터 분석과 인공지능 개발로 변화가 진화하고 있어 이 부분에서 자연스럽게 클라우드컴퓨팅의 표준화 이슈와 메타버스의 표준화 이슈가 교차점을 가질 것으로 예상한다.

[그림 34]는 클라우드컴퓨팅 산업 초창기 때의 표준 개발과정과 국내 정책 동향을 일반적인 표준 개발 단계와 비교하여 흐름표로 나타낸 것이다.

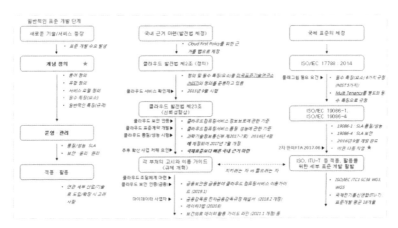

[그림 34] 클라우드컴퓨팅 표준 개발과 국내 정책의 흐름 비교

메타버스로 구현되는 서비스가 3D 모델을 렌더링하고, 고속·초저지연으로 스트리밍을 처리하기 위해 클라우드컴퓨팅을 활용하여 SaaS형 서비스로 제공한다고 하면, 서비스 운용·관리를 위한 표준체계는 이미 개발이 완료되어 있다고 볼 수 있다. 따라서 메타버스의 표준 개발 방향은 메타버스에 대한 개념, 요구사항 등의 선언적인 표준 개발 이후 바로 다른 산업 및 서비스와 결합 등을 위한 적용·활용에 대한 응용 단계로 넘어갈 것으로 예상한다.

국내 산학연에서도 메타버스 관련 국제 및 국내 표준화에 적극적인 참여를 통한 국내 기술의 국제표준 반영 및 글로벌 트렌드에 맞는 표준기술 도입 등을 통해 경쟁력을 높이고 한국의 표준 주도권을 계속해서 확보해 나가는 것이 중요할 것이다.

2. 메타버스 요소 기술 표준화 동향 및 개선 방안

1) 메타버스 요소 기술

메타버스는 기술의 융복합으로 구현된다. 관련 기술을 나열하자면 한도 끝도 없겠지만, 다음과 같은 주요 기술로 정리할 수 있다.

[표 9] 메타버스 주요 기술

주요 기술	내용
아바타를 표현 및 정의하는 기술	현실세계의 '나'를 가상세계에 표현하는 기술
데이터 교환 기술	현실세계의 정보를 실시간으로 메타버스에 전달하고, 메타버스의 상황이 현실세계에 전달될 수 있도록 하는 기술
동기화 기술	현실 객체와 메타버스 객체(Virtual Objects) 간 실시간으로 상호작용할 수 있도록 하는 기술
오감효과 기술	메타버스 내에서 발생한 효과를 현실에서 사람에게 시현하기 위한 현실 구동기 제어 기술
Realistic scene rendering	VR, AR, MR, XR 기술을 포함하여 좀 더 사실적이고 현실적인 시청각 공간 및 객체를 표현(렌더링)하는 기술
Sensory stimuli	사용자의 몰입감을 높이기 위해 사실적인 시청각 자극을 제공하며, 메타버스에서 경험하는 후각, 촉각, 미각 등을 현실세계에 제공할 수 있는 오감 미디어 기술
Real world interface	현실세계와 메타버스 간의 정보 교류를 위한 데이터 전달 및 제어에 대한 기술

주요 기술	내용
Bid data and AI	메타버스에서 생성되는 방대한 양의 데이터를 분석하고, 다양한 솔루션을 제공할 수 있는 AI 기술
Metaverse token economy	메타버스 내의 경제 활동을 가능하게 하고, 미디어 콘텐츠의 가치 및 저작권과 관련된 솔루션의 일환으로 블록체인이나 NFT와 같은 기술

이와 같은 기술이 융복합된 메타버스는 플랫폼 형태로 운영되는데 그 구성도는 [그림 35]처럼 표현될 수 있다.

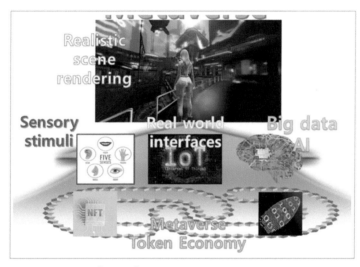

[그림 35] 메타버스 플랫폼 기술 구성도

2) 메타버스 요소 기술 표준화 현황

메타버스와 관련한 기술의 표준화는 여러 표준화 기구에서 진행 중이다.

한국기계전기전자시험연구원(이하 KTC)이 국내 간사를 맡고 IEC TC 100 국제표준화 기구에서는 SS(Study Session, 일종의 TF)를 만들어 VR, AR

분야 표준 개발 추진을 위해 활동하고 있다. 디바이스, 장비 쪽으로 본 분야 국제표준화를 선도하고 있다.

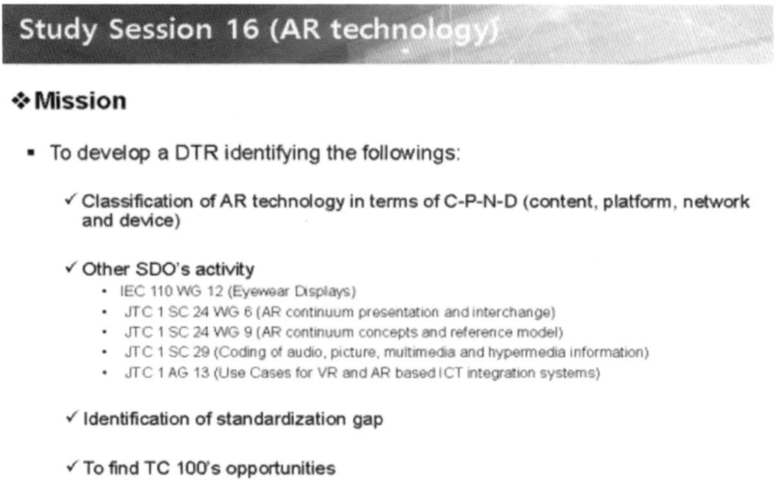

Study Session 16 (AR technology)

❖Mission

- To develop a DTR identifying the followings:

  ✓ Classification of AR technology in terms of C-P-N-D (content, platform, network and device)

  ✓ Other SDO's activity
  - IEC 110 WG 12 (Eyewear Displays)
  - JTC 1 SC 24 WG 6 (AR continuum presentation and interchange)
  - JTC 1 SC 24 WG 9 (AR continuum concepts and reference model)
  - JTC 1 SC 29 (Coding of audio, picture, multimedia and hypermedia information)
  - JTC 1 AG 13 (Use Cases for VR and AR based ICT integration systems)

  ✓ Identification of standardization gap

  ✓ To find TC 100's opportunities

[그림 36] IEC TC 100 Study session 16 미션

SDO(표준개발기구)들의 관련 표준화 현황은 다음과 같다.
- IEC TC 110: eyewear display
- ISO/IEC JTC1 SC24: AR 콘셉트와 모델
- ISO/IEC JTC1 SC29: 오디오, 그림, 정보 등이 코딩
- ISO/IEC JTC1 AG13: ICT system의 시나리오
* TC(기술위원회): Technical Committee, SC(분과위원회): Sub Committee
  AG(자문그룹): Advisory Group

(단체표준) OpenXR은 가상현실 및 증강현실 플랫폼과 장치에 접근하기 위한 로열티 없는 개방형 표준임. 크로노스 그룹 컨소시엄이 관리하는 워킹 그룹에 의해 개발 중이다. 크로노스 그룹은 미국 오리건주 비버턴에 본사를

둔 비영리 산업체 컨소시엄으로 로열티가 없는 개방형 표준을 개발하고
있다.

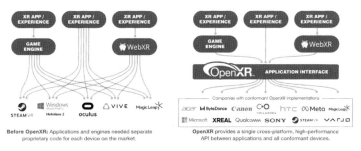

[그림 37] 크로노스 그룹의 목표

ISO/IEC JTC 1 SC 29에서 발간한 ISO/IEC 23005(이를 MPEG-V로 부
르기도 함) 표준이다. 여기서 V는 virtual을 의미한다. MPEG(엠펙)는 영문
Moving Picture Experts Group의 약자이다. 국제표준화단체로서의 공식 명
칭은 ISO/IEC JTC1/SC29/WG11이다. MPEG은 ISO 및 IEC 산하에서
비디오와 오디오 등 멀티미디어의 표준 개발을 담당하는 소규모의 그룹이
다. 이 표준은 2008년부터 표준화를 시작하였는데, 2000년대 초반 시작된
유럽의 "메타버스 프로젝트" 및 "세컨드 라이프" 등 가상공간에서의 제2의
생활을 주제로 한 서비스 등장으로부터 촉발되었다. 주된 표준화 분야는 동
영상 등 가상공간 콘텐츠를 실제 소비 환경과 상호 연동하기 위한 표준 활
동을 시작으로 실감 효과를 하드웨어들이 동일하게 효과를 실현하기 위한
구현 기술, 실현 가능한 범위, 실현 방법, 서비스 방법 등 제조사 하드웨어
에 맞도록 구현하는 것을 목표로 하였다. 주요 표준화 추진 경과는 2014년
1차, 2016년 2차 표준안을 발표한 뒤 2020년에 3차 표준안을 발표하였다.

ISO/IEC 23005의 표준 관련 주요 내용은 [표 10]처럼 정리된다.

[표 10] MPEG-표준

구분	주요 내용
MPEG-1	• 최초의 비디오와 오디오 표준 • 비디오 CD 표준 • MP3오디오 압축 포맷 • 표준 해상도는 352x240, 30프레임/초 • CD 1장에 74분의 영상 저장
MPEG-2	• TV 방송 표준 (디지털 위성/유선 방송, 고화질 TV 방송, DVD 비디오 등에 사용) • 표준 해상도는 720x480, 1280x720, 60프레임/초 • CD와 동일한 음질 지원
MPEG-3	• HDTV 방송 표준ⓔMPEG-2 표준에 내용이 합쳐져 중지
MPEG-4	• MPEG-2를 확장 (영상/음성 객체, 3D 콘텐츠, 저속 비트율 인코딩, 디지털 재산권 관리 지원 등 포함) • 멀티미디어 통신을 위한 표준 (영상 압축기술) • 3차원 모델을 압축하기 위한 3차원 메쉬부호화(3D Mesh Coding) 지원
MPEG-7	• 멀티미디어 콘텐츠를 기술하기 위한 형식적 시스템 (멀티미디어 정보 검색에 사용)
MPEG-21	• 미래의 표준, 멀티미디어 프레임워크(기술 분류별표준)
MPEG-A	• 멀티미디어 애플리케이션 포맷(MAF)을 위한 표준
MPEG-B	• 시스템 표준 분류를 위한 MPEG 표준
MPEG-C	• 비디오 표준 분류를 위한 MPEG 표준
MPEG-D	• 오디오 표준 분류를 위한 MPEG 표준 (MPEG Surround 표준)
MPEG-E	• 멀티미디어 미들웨어를 위한 표준
MPEG-V	• 메타버스 서비스 내에서 사용자에게 가상의 경험을 오감으로 느낄 수 있는 시스템을 구현하기 위한 감각 효과 표준 인터페이스 제공

[표 11] MPEG-V 표준의 구성

구분	주요 내용
Part 1 Architecture	• 가상세계-현실세계 및 가상세계-가상세계 간 예상되는 인터페이스를 포함한 전체적인 구조와 다양한 예제 시나리오들 기술
Part 2 Control Information	• 현실세계와 적응 엔진(Adaptation Engine)과의 인터페이스 구조를 정의 • 현실세계에 있는 감각 장치에 대한 사용자 설정(선호도, 감지장치 종류, 감각장치 성능, 감지장치를 통한 현실세계 정보 입력 등), 감각 장치의 제어 등을 위한 정보들 기술
Part 3 Sensory Information	• 현실 사용자의 감각 기관에 영향을 줄 수 있는 감각 효과 정보를 표현하기 위한 데이터 구조 기술
Part 4 Virtual World Object Characteristics	• 가상세계에 존재하는 객체(모양, 애니메이션, 의사소통 기술, 성격, 제어 등)를 표현하는 데이터 구조 기술 • 가상세계 간의 인터페이스 제공(객체의 가상세계 간 이동 및 생활 가능)
Part 5 Data formats for interaction devices	• 현실세계와 가상세계 연동을 위한 제어 신호 및 센서 정보들에 대한 데이터 구조 기술
Part 6 Common Types and Tools	• MPEG-V 표준 전체에서 공통적으로 사용되는 타입 및 도구들에 대해 기술
Part 7 Reference Software	• MPEG-V에서 정의하는 기술들을 실제 구현하여 사용할 수 있도록 참조 소프트웨어를 구현/제공

메타버스를 이용하는(또는 서비스) 시나리오는 다음 그림처럼 표현할 수 있다.

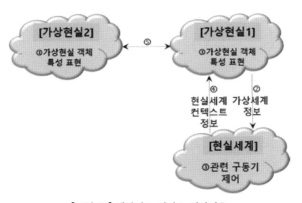

[그림 38] 메타버스 서비스 시나리오

① 가상현실의 객체 특성 표현: 가상세계의 사람을 대신하는 아바타, 건물이나 책상 등 객체의 특성(Virtual World Object Characteristics)을 표현한다. 이는 MPEG-V 4부에서 기술되어 있다.

② 가상세계의 정보를 현실세계에 전달: 특정 가상세계에서 발생한 이벤트 관련된 정보가 현실세계로 전달되어 사용자가 느낄 수 있는 실감 효과를 발생할 수 있도록 현실세계에 있는 장치로 전송된다.

③ 현실세계의 미디어 관련 구동기 제어: 가상세계의 아바타에게 발생한 이벤트를 현실세계의 사용자에게 실감으로 느낄 수 있도록 해당 미디어 기기의 구종을 제어한다.

④ 현실세계의 콘텍스트 정보를 가상세계에 전달: 현실세계 사용자의 움직임이나 표정 등을 현실세계에 위치한 센서를 통해 정보로 변환하여 가상세계에 입력 또는 반영하여 현실세계에서 사용자의 움직임에 따라 가상세계의 객체에 특정한 조작을 가할 수 있도록 한다.

⑤ 가상세계 간 정보 전달: 사용자 개인에 맞도록 제작된 가상세계의 객체를 서로 다른 가상세계에서 동일하게 사용할 수 있도록 하는 것으로, 현실 및 가상세계의 각각의 가상객체를 조합하여 새로운 가상 객체를 만들어 낼 수 있다.

이상과 같은 현실세계와 가상세계 간 데이터 교환을 요약하면 가상세계에서 현실세계로의 데이터 교환(데이터 교환 1), 현실세계에서 가상세계로의 데이터 교환(데이터 교환 2) 및 가상세계 간의 데이터 교환(데이터 교환 3)과 같으며, 이는 다시 [그림 39]처럼 도시할 수 있다.

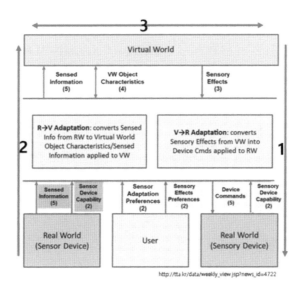

[그림 39] 현실세계와 가상세계 간 데이터 교환

데이터 교환 1에 해당하는 가상세계에서 현실세계로의 데이터 교환은 다음과 같다.

- 현실세계가 받는 콘텍스트 정보로는 가상세계 개체 특성(MPEG-V 4부에 기술), 가상세계의 감각효과 데이터(MPEG-V 3부에 기술)
- 현실세계가 사용하는 제어변수는 MPEG-V 2부에 정의된 구동기 성능(Actuator Capability) 및 구동 선호도(Actuation Preferences), MPEG-V 5부에 정의된 센서 데이터 정보(Sensed Information)
- 현실세계 적응 엔진은 입력된 제어 매개변수를 이용하여 가상세계의 객체 특성 또는 가상세계의 감각효과 데이터를 현실세계의 구동기 명령으로 변환 및 적용하는데, 구동기 명령(Actuation Command)은 MPEG-V 5부 데이터 포맷을 이용하여 생성됨

데이터 교환 2에 해당하는 현실세계에서 가상세계로의 데이터 교환은 다음과 같다.

- 현실세계의 정보는 센서가 감지한 정보를 MPEG-V 5부에 정의된 표준화된 방식으로 생성
- 가상세계로의 정보(제어 매개변수) 전달은 MPEG-V 2부에 정의된 센서의 성능(Sensor Capability), 센서 적응 선호도(Sensor Adaptation Preferences)이며, 이 정보를 이용하여 가상세계에 필요한 가상세계 개체 특성(Virtual Object Characteristic) 및 가상세계를 위해 적용된 감지 정보(Adapted Sensed Information) 등의 정보를 생성(MPEG-V 4부에 정의)
- 가상세계 적응 엔진은 입력된 제어 매개변수를 이용하여 현실세계의 센서로부터 감지된 정보를 가상세계 객체 특성 및 가상세계에 적용된 감지 정보로 변환

데이터 교환 3에 해당하는 가상세계 간의 데이터 교환은 다음과 같다.

- 가상세계별 고유한 객체 특성을 MPEG-V 4부에 지정된 가상세계 객체 특성으로 표현하여 데이터 교환이 이루어지는데, 이는 메타버스를 구축 및 운영하는 기업이 늘어날수록 중요한 요소가 됨
- 메타버스는 다수가 있을 수 있는데, 메타버스들 간에 사용자 디지털 자산의 이동 방법이 필요하며, 하나의 메타버스 내 디지털 자산을 표준화된 방법으로 서술하고 다른 메타버스에서 이를 해석하여 해당 메타버스에 맞는 디지털 자산으로 변환할 수 있도록 하기 위하여 가상세계 객체나 아바타의 표현을 위하여 가상세계 객체 특성(Virtual World Object Characteristics) 표준 정의(MPEG-V 4부)

표준을 적용하여 현실세계의 콘텍스트 정보가 가상세계로 전달되는 모습을 예시하면 다음 [그림 40]과 같이 묘사할 수 있다.

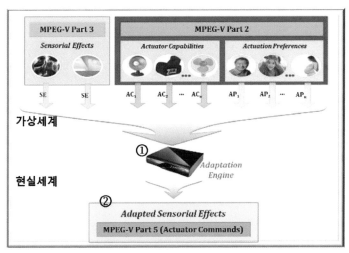

[그림 40] 현실세계 콘텍스트 정보의 가상세계로 전달 예시

① 센서로부터 측정되는 데이터는 센서 데이터(Sensed Information, MPEG-V 5부에서 정의) 포맷으로 표현되어 가상세계에 전달

② 정밀한 데이터 표현을 위해 현실세계 센서의 정확한 성능에 대한 표현은 센서 성능(Sensor Capability, MPEG-V 2부에서 정의) 데이터 포맷 이용

③ 센서 데이터에 대한 사용자의 제약을 둘 수 있는데 이를 센서 데이터에 대한 사용자 선호도(User Preference)로 표현

④ 입력된 센서 데이터와 센서의 성능 정보를 바탕으로 가상세계 렌더링에 적합한 적응된 센서 데이터(Adapted Sensed Information)로 변환/사용

⑤ 센서 데이터와 센서에 대한 사용자의 선호도를 결합, 적응된 센서 데

이터를 생성, 가상세계의 객체를 표현

메타버스가 기존 개념의 가상현실, 증강현실 등과 다른 점은 현실세계의 사용자가 가상현실, 증강현실 내에서 사용자를 대신하는 아바타에게 발생한 이벤트를 동일하게 실감할 수 있다는 점이며, ISO/IEC 23005 메타버스에서 경험하는 오감효과를 현실에서 경험하기 위한 감각효과(Sensory Effect)를 표현할 수 있는 표준을 정의하고 있다. 참고로 오감 효과 중 시각(Visual) 및 청각(Auditory) 효과는 이미 보편화된 효과이며, 촉각(Tactile)은 사용자에게 힘, 진동, 모션 등 터치의 느낌을 제공하는 기술 개발 진척이 상당 수준에 이르고 있으나, 후각(Olfactory) 및 미각(Gustatory)은 더 많은 연구가 필요한 분야라고 판단한다.

- 메타버스 내에서 발생하는 후각, 촉각 효과는 감각효과 메타데이터 (SEM: Sensory Effect Metadata)로 표현되어 현실세계에 실시간으로 전달되며, 사용자의 효과 선호도(User Preference) 및 효과를 렌더링하는 구동기의 성능(Actuator Capability)을 고려하여 감각효과 명령어(Sensory Command)로 변환된다.

- MPEG-V 3부에서 감각 정보(Sensory information), 즉 인간의 감각을 자극하는 빛, 바람, 안개, 진동, 온도, 냄새 등과 같은 감각효과 표현을 정의하고 있으며, XML 기반의 감각효과 서술 언어(SEDL: Sensory Effect Description Language)로 SEM 정의 및 표현한다.

- 실제 감각효과는 확장성 및 유연성을 위해 별도의 감각효과 어휘(SEV: Sensory Effect Vocabulary) 내에서 정의하며 각 응용 프로그램 영역에서 감각효과를 발생하게 된다.

시청각 정보 이외의 감각효과를 제공하는 개념은 [그림 41]처럼 도식으로 나타낼 수 있다.

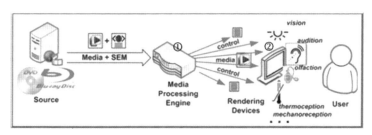

[그림 41] 시청각 정보 이외의 감각효과 제공 개념도

① 미디어 및 감각효과 렌더링에 대한 사용자 설정(User Preference)을 기반으로 동기화된 방식으로 실제 미디어 리소스 및 수반되는 감각효과 재생을 제어, 다양한 렌더링 장치의 성능(Actuator Capability)에 따라 미디어 리소스와 감각효과 메타데이터(SEM)를 모두 조정
② 메타버스에서 전달되는 감각효과를 현실세계의 감각효과 명령어(Sensory Command)로 변환, 구동기에 대한 사용자의 선호도는 적응 엔진에 추가 정보를 제공하여 현실세계 제어를 위한 구동 명령(Actuation Command)의 미세 조정에 사용, 감각효과 구동 명령은 MPEG-V 5부(ISO/IEC 23005-5)에서 정의된 감각효과 명령어(Sensory Command) 서술 인터페이스를 통해 표현

가상공간 내에서 아바타가 느끼는 바람의 세기가 현실세계의 사용자가 느낄 때 적절한 감각효과(Sensory Effects)로 조정될 필요가 있다. 예를 들어, 메타버스에서 발생한 토네이도급 강풍을 현실세계에 표현할 때, 사용자가

가지고 있는 팬의 성능에 따라 팬이 가지고 있는 가장 높은 바람 세기로 표현될 수 있는데, 이는 경우에 따라 사용자에게 불편함을 초래할 수 있다. 따라서 사용자는 최대 바람의 세기나 바람의 지속 시간 등에 제한(구동 선호도)을 둘 수 있으므로 미디어 적응 엔진은 이러한 정보를 종합하여 사용자의 구동기 성능과 감각효과 선호도를 반영한 적응된 감각효과 명령어(Adapted Sensory Command)를 생성하여 현실세계의 구동기를 제어하게 되는데, 그 과정은 [그림 42]와 같다.

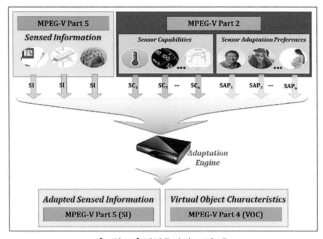

[그림 42] 감각효과의 조정 예

① 구동기 명령어(Actuation Command) 및 구동 선호도(Actuation Preference)에 따라 적응된 감각효과(Adapted Sensory Effects)로 조정
② 가상공간의 감각효과, 현실세계의 구동기 성능 및 사용자의 구동 선호도를 결합하여 생성/적응된 감각효과

한편 ISO/IEC 23093은 MPEG-IoMT, 즉 미디어 사물 인터넷 관련한 표준을 정의하고 있다. MPEG-V가 미디어 서비스를 중심으로 한 현실세계와 가상세계 간의 데이터 포맷을 표준화하고 있다면, MPEG-IoMT는 현실세계와 가상세계 간 연결된 사물 중심으로 자율적인 미디어 서비스를 제공하기 위한 표준 활동을 하고 있다. MPEG-IoMT는 2021년 7월에 2차 개정판에 대한 국제표준 최종안 단계를 진행하였다.

미디어 사물(Media Things)은 현실세계의 미디어와 관련된 사물들로서 미디어 사물을 미디어 센서(MSensor), 미디어 분석기(MAnalyser), 미디어 저장소(MStorage), 미디어 구동기(MActuator) 등 4가지 종류로 구분하고 있다. 표준화 대상은 미디어 사물 간 교환하는 데이터 및 데이터 교환을 위한 API 등이다.

미디어 사물 인터넷의 예 및 미디어 사물 인터넷 간 상호작용은 [그림 43]처럼 도식으로 나타낼 수 있다.

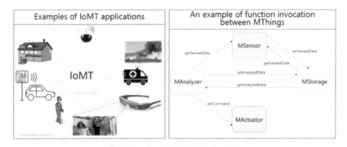

[그림 43] 미디어 사물 인터넷

MPEG-IoMT 아키텍처는 현재 및 향후 IoMT의 확장 및 인터페이스, 프로토콜, 미디어 관련 정보를 표현하는데, 그 구조는 [그림 44]와 같다.

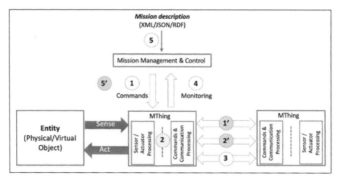

[그림 44] MPEG-IoMT 아키텍처

① 인터페이스 1: 시스템 관리자와 미디어 사물 간의 사용자 명령(설정 정보)

  - 인터페이스 1′: 인터페이스 1의 수정된 형식(예: 인터페이스 1의 서브 세트)으로 미디어 사물에 의해 다른 미디어 사물로 전달되는 사용자 명령(설정 정보)

② 인터페이스 2: 미디어 사물에 의해 감지된 데이터(원시 또는 처리된 데이터) (압축 또는 의미 추출) 및 구동(actuation) 정보

  - 인터페이스 2′: 변환된 인터페이스 2(예: 전송용)

③ 인터페이스 3: 미디어 사물의 특성(Characteristics) 및 발견(Discovery)

④ 인터페이스 4: 미디어 사물의 수행 상태 모니터링 정보

⑤ 인터페이스 5: 사용자가 IoMT 네트워크에 할당한 미션을 표현하는 구조화된 데이터 포맷(예: XML/JSON/RDF)

  - 인터페이스 5′: 임무의 관리나 제어를 위해 하나 이상 미디어 사물로 전달되는 구조화된 데이터 포맷(예: XML/JSON/RDF), 인터페이스 5의 수정된 형식(인터페이스 5의 하위 집합)

IEEE* 2888 Working Group(WG)에서도 메타버스의 가상세계와 현실세계를 연결하는 핵심 기술 표준화를 진행하고 있다. IEEE 2888 Working Group은 우리나라의 '디지털가상화포럼'이 주도하여 2019년 9월 5일 승인되면서 신설되었으며, IEEE 2888 WG의 공식 명칭은 'Interfacing Cyber and Physical World Working Group' 이다. WG를 통해 특정 서비스 제공업체 사양에 구애되지 않는 공통된 센서 및 구동기의 상호 호환성 인터페이스 표준을 제공함으로써 산업의 진입장벽을 낮추고 신산업 및 혁신 성장을 창출하는 토대를 마련할 것으로 기대하고 있다. [그림 45]는 디지털가상화포럼 조직도와 분과별 표준 추진 안건을 나타내고 있다.

IEEE 2888 WG에서 진행하게 될 표준 범위는 물리 객체와 가상 객체 간의 응용 프로그래밍 인터페이스(API: Application Programming Interface)뿐만 아니라 센서를 통한 정보 교환을 위해 필요한 어휘, 요구사항, 데이터 형식 등이다. IEEE 2888 WG는 우선, 가상세계와 현실세계의 연동을 위한 센서 인터페이스 표준(IEEE P2888.1: Sensor interface for cyber and physical world) 개발을 추진하기로 하였다. 2020년 2월 도쿄에서 진행된 회의에서 표준 초안 작성을 시작으로, 가장 먼저 인터페이싱 센서를 위한 데이터 포맷을 정리하였다. 2020년 10월에는 IEEE 2888.3에서 가상세계와 현실세계 간의 디지털 동기화 조정 표준(Standard on Orchestration of Digital Synchronization between Cyber and Physical World)을 시작하였다. 이를 통하여 CPS(Cyber-Physical System) 및 DTS(Digital Twin System), 메타버스에 대한 표준화 구현 지침을 제공하는 것을 목표로 하고 있다. 물리적 개체와의 동기화 및 상호작용 시

---

* IEEE(국제전기전자기술자협회 표준화기구): 사실상 표준화기구로서 세계 5대 표준화기구 중 하나. 'I-트리플-E'라 부르고 있음

퀀스를 제공하기 위한 디지털 개체에 대한 매개변수 설정 및 디지털 개체와 통신하기 위한 어휘, 요구사항, 평가방법, 데이터 형식, API 등을 정의한다.

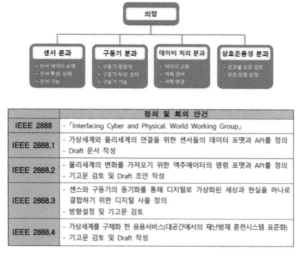

[그림 45] 디지털 가상화포럼 조직도 및 분과별 표준 추진 안건

마지막으로 살펴볼 표준화 활동으로 IEEE 3079 WG이다([그림 46] WG 구조 참조). IEEE 3079는 우리나라가 주도하고 있으며, 2020년 9월 25일 가상현실(VR) 기기의 어지럼증 감소를 위한 IEEE 3079-2020(HMD based VR Sickness Reducing Technology)을 국제표준으로 제정하였다. IEEE 3079-2020 표준은 가상현실(VR)의 대중화에 가장 큰 걸림돌이었던 어지럼증을 해소하기 위한 여러 방안들을 제시하였는데, 360도 가상현실 장면의 제작 지침(IITF_02.0011/R1), 멀미 저감을 위한 머리장착형 영상장치 기반 가상현실 콘텐츠 제작 지침(IITF_02.0008/R2), 가상현실 콘텐츠의 멀미 및 피로도에 대한 평가, 분석 프레임워크(IITF_02.0012/R1) 등 실감형혼합현실기술포

럼에서 제정한 표준이 모두 반영된 순수 국내 기술들에 의한 국제표준이다. 현재 IEEE 3079 WG 산하에 'MTP(Motion-to-Photon)* 지연 관련 표준(IEEE 3079.1)' 및 '동작 학습을 위한 혼합현실 표준 체계(IEEE 3079.2)' 개발을 위해 2개의 위원회(TG)가 활동 중이다.

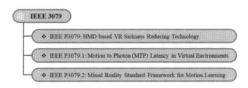

[그림 46] IEEE 3079 Working Group 구조

IEEE 3079 Members

Division	Role	Name	Affiliation	Position	e-mail
Working Group	Chair	Lee, Beom Ryeol	ETRI	Principal Researcher	lbr@etri.re.kr
	Vice Chair	Son, Wookho	ETRI	Principal Researcher	whson@etri.re.kr
	Secretary	Jeong, Sang Kwon Peter	JoyFun	CEO	ceo@joyfun.kr
P3079.1 TG	Chair	Lim, Hyun Kyun	KRISS	Principal Researcher	hlim@kriss.re.kr
	Secretary	Yoon, Sangcheol	Daejeon Univ.	Professor	yoonsangcheol@gmail.com
	Editor				
P3079.2 TG	Chair	Jeong, Sang Kwon Peter	JoyFun Inc.	CEO	ceo@joyfun.kr
	Secretary	Nam, HyeonWoo	Dongduk Women's Univ.	Professor	hwnam@dongduk.ac.kr
	Editor	Jang, Jimmy	JoyFun Inc	Manager	jimmyjangpg@joyfun.kr

IEEE 2888 Members

	Role	Name	Affiliation	Position	e-mail
Working Group	Chair	Kyoungro Yoon	Konkuk University	Professor	yoonk@konkuk.ac.kr
	Vice Chair	Sang-Kyun Kim	Myongji University	Professor	goldmunt@gmail.com
	Editor	Tae-Beom Lim	Korea Electronics Technology Institute (KETI)	Principal Researcher	tblim@keti.re.kr
	Secretary	Sangkwon Peter Jeong	JoyFun	CEO	ceo@joyfun.kr
P2888.1 TG	Chair	Sang-Kyun Kim	Myongji University	Professor	goldmunt@gmail.com
	Editor	Min Hyuk Jeong	Myongji University	Student	jmh8900@gmail.com
P2888.2 TG	Chair	Tae-Beom Lim	KETI	Principal Researcher	tblim@keti.re.kr
	Editor	Shin Kim	Konkuk University	Student	new.xin22@gmail.com
P2888.3 TG	Chair	Kyoungro Yoon	Konkuk University	Professor	yoonk@konkuk.ac.kr
	Editor	Changseok Yoon	KETI	Principal Researcher	csyoon@keti.re.kr
P2888.4 TG	Chair	Jeonghwoan Choi	SKONEC Entertainment Co Ltd.,	Vice President	jordhanchoi@skonec.com
	Editor	HyeonWoo Nam	Dongduk Women's University	Professor	hwnam@dongduk.ac.kr

[그림 47] IEEE 3079 & 2888 멤버

---

* Motion-to-Photon 지연: VR기기를 착용한 상태에서 머리의 움직임에 따라 영상이 변화하면서 소요되는 지연시간

3. 온라인 교육기관 인증 표준화

1) 초 · 중등 교육기관 온라인교육 현황

「초 · 중등교육법 시행령」 제48조 제4항에 의해 학교의 장은 필요한 경우에 원격수업 등 정보통신매체를 활용하여 수업 운영을 할 수 있으며, 각 학교는 코로나19에 대응하여 안정적인 학사 운영을 위해 원격수업을 병행하고 있으며, 이는 실시간 쌍방향(화상) 수업, 콘텐츠 활용 중심수업, 과제 중심수업 등이 포함되어 있다. 그러므로 두 가지 이상의 유형을 혼합하는 등 다양한 수업 형태를 자유롭게 선택할 수 있으며, 이는 공공LMS(Learning Management System)를 통해 실행되고 있으며, 토의 · 토론 수업 및 프로젝트 수업 등 학생의 역량을 함양할 수 있는 수업 방법에 대해 온라인교육 운영이 활성화되고 있다.

[표 12] 혼합수업 모형 (예시)

구분	세부 모형 예시
원격수업 간 혼합	콘텐츠 활용수업(예습)+실시간 쌍방향 원격수업
	실시간 쌍방향 원격수업+과제 수행형 원격수업
	콘텐츠 활용수업+과제 수행형 원격수업+쌍방향 원격수업

구분	세부 모형 예시
원격수업+등교수업 간 혼합	원격수업(예습학습)+등교수업(피드백, 프로젝트 학습 등) 모형
	등교수업(핵심개념학습)+원격수업(확인과 제 학습 피드백) 모형

    교과 활동은 등교수업과 원격수업을 연계한 혼합수업을 활성화하여 진행하고 있으며, 창의적 체험활동의 경우 블렌디드 방식 등 다양한 방법을 통해 실시하고 있다. 또한, 각 학교마다 학교장 재량에 의해 몰입감과 흥미 유발, 수업 참여 적극성을 유도하기 위해 메타버스(Metaverse)를 활용한 수업 방식 적용이 시도되는 상황이다. 그러나 원격수업이 활성화됨에 따라 '수업 운영형태와 콘텐츠에 대한 개선요구' 및 '학습 피드백', '상담' 등 소통 빈도에 대해 교육 주체 간 인식 차이가 있으므로 '현장에서 체감할 수 있는 소통 활성화 방안' 그리고 교수자, 학습자의 평가 외에 '제3자 평가'를 통한 온라인 교육기관의 평가가 필요한 상황이다.

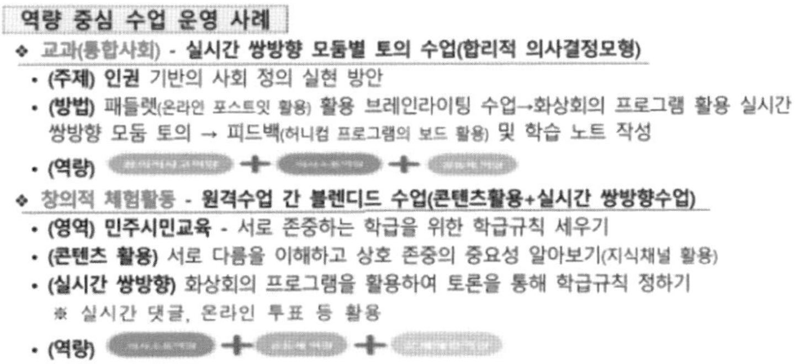

역량 중심 수업 운영 사례

❖ 교과(통합사회) - 실시간 쌍방향 모둠별 토의 수업(합리적 의사결정모형)
- **(주제)** 인권 기반의 사회 정의 실현 방안
- **(방법)** 패들렛(온라인 포스트잇 활용) 활용 브레인라이팅 수업→화상회의 프로그램 활용 실시간 쌍방향 모둠 토의 → 피드백(허니컴 프로그램의 보드 활용) 및 학습 노트 작성
- **(역량)** [이미지] ✚ [이미지] ✚ [이미지]

❖ 창의적 체험활동 - 원격수업 간 블렌디드 수업(콘텐츠활용+실시간 쌍방향수업)
- **(영역)** 민주시민교육 - 서로 존중하는 학급을 위한 학급규칙 세우기
- **(콘텐츠 활용)** 서로 다름을 이해하고 상호 존중의 중요성 알아보기(지식채널 활용)
- **(실시간 쌍방향)** 화상회의 프로그램을 활용하여 토론을 통해 학급규칙 정하기
  ※ 실시간 댓글, 온라인 투표 등 활용
- **(역량)** [이미지] ✚ [이미지] ✚ [이미지]

[그림 48] 역량 중심 수업 운영 사례

2) 고등 교육기관 실태조사 및 인증제도

「고등교육법」제11조 2 제1항에 의해 학교는 교육부령으로 정하는 바에 따라 대학 및 대학원 등 해당 기관은 교육과 연구, 조직과 운영, 시설과 설비 등에 관한 사항을 스스로 점검하고 평가하여 그 결과를 공시하여야 하며, 제2항에 의해 교육부 장관으로 인정받은 기관(인정기관)은 학교의 신청에 따라 학교운영 전반과 교육과정(학부, 학과, 전공을 포함한다)의 운영을 평가하거나 인증(치의학, 한의학 또는 간호학에 해당하는 교육과정을 운영하는 학교는 대통령령으로 정하는 절차에 따라 인정기관의 평가 · 인증을 받아야 하는 것으로 법적 명시)을 받게 되어 있다. 「사이버대학 설립 · 운영 규정」별표1(사이버대학의 교사)에서는 교육기본시설, 지원시설, 기준면적에 대한 요구사항만 명시되어 있다. 이는 정규교육과정에 대한 운영 실태조사를 위한 관련 법령의 제재 사항이며, 온라인교육 인증에 대한 기준, 절차, 세부사항, 방법론에 대해서는 거론하고 있는 사항이 없다. 국내에서도 KOCW, KMOOC가 교육부, 각 대학, 국가평생교육진흥원 주도로 이루어지고 있지만, 정확한 인증 표준을 통한 평가가 이루어지고 있지 못하는 상황이다. 「고등교육법」에 의해 대학 및 대학원의 교육 인증은 한국공학교육인증원, 한국건축학교육원, 한국간호교육평가원, 한국수의학교육인증원에서 진행하고 있으며, 그 목적, 기준, 절차는 다음과 같다.

(1) 한국공학교육인증

대학의 공학 및 관련 교육을 위한 교육프로그램 기준과 지침을 제시하고 이를 통해 인증 및 자문을 시행함으로써 공학교육 발전을 촉진하고 실력을 갖춘 공학기술 인력을 배출하는 데 이바지하기 위한 인증제도이다. 취업 시

서류전형 우대 및 외국에서 법적·사회적 모든 영역에서 당국의 졸업생과 동등한 자격을 가질 수 있다. KEC2015판정가이드, KCC2015판정가이드, KTC2015판정가이드에 의해 기준의 적합 여부를 평가받게 된다. 평가과정은 ① 인증평가 신청 및 선정, ② 평가단구성, ③ 자체평가보고서 제출, ④ 서면평가, ⑤ 방문평가, ⑥ 예비논평서의 완성 및 발송, ⑦ 논평 대응서의 제출, ⑧ 인증평가(전공 분야별, 대학별, 연도별) 조율위원회 개최, ⑨ 인증판정의 확정 및 결과 통보로 진행된다.

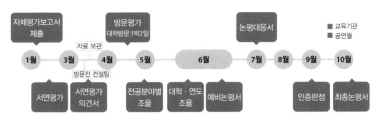

[그림 49] 공학교육인증 절차

(2) 한국건축교육인증

미국, 영국 등 주요 선진국이 운영하는 건축교육의 높은 수준을 유지하고 선진제도와 국제적 권고를 수용하여 국내 건축교육의 수준을 국제수준으로 격상하고 국제 경쟁력을 갖춘 인재양성과 국제사회로 장벽 없는 이동성을 위한 인증제도이다. KAAB 2018 인증기준 및 절차에 의해 진행된다. 인증심사는 ① 인증후보자격 신청(최초 인증신청 프로그램에 한함), ② 인증신청, ③ 건축학교육 프로그램 보고서 제출, ④ 실사팀에 의한 인증 실사 수행, ⑤ 실사팀의 실사팀보고서 및 대외비 인증제안서 제출, ⑥ 인증 최종심의 및 결과 통보, ⑦ 프로그램의 연례보고서 제출의 절차로 진행된다.

(3) 한국간호교육평가

간호교육 인증평가는 간호교육의 질적 발전을 도모하고 간호학생의 성과를 지원·관리하기 위하여 교육 성과와 교육과정 운영 및 교육 여건 등이 국가, 사회, 간호 전문직의 요구 수준에 부합하는지를 판단하여 공식적으로 확인·인정하는 제도이다. 평가 기준은 '간호교육인증평가 규정'을 따라 진행하며, 평가대상은 ① 4년제 간호학 학사학위 프로그램, ② 3년제 간호학 전문학사 학위 프로그램, ③ 간호학 학사학위 특별편입(RN-BSN) 프로그램, ④ 대학원 전문간호사 교육 프로그램 등이 있다. 인증심사는 ① 신청, ② 자체평가, ③ 평가실시, ④ 판정, ⑤ 결과 통보 순으로 진행된다.

(4) 한국수의학교육인증

날로 발전하는 수의학 분야에서 세계 선진 수의 분야와의 질적 동등성 확보 및 우리나라가 필요로 하는 수의사의 양성을 위한 수의학교육의 기준을 설정하고, 이 기준에 맞는 수의학교육을 하고자 평가하고 인증하는 것을 목표로 한다. 인증기준은 '수의학교육 인증기준'을 따른다. 인증 진행은 ① 인증평가 신청, ② 자체평가서 접수, ③ 평가단구성(5명), ④ 자체평가서 및 방문 평가, ⑤ 예비논평서 및 최종논평서 심의, ⑥ 승인, ⑦ 예비논평서 검토, ⑧ 접수, ⑨ 재심의(90일 이내 완결), ⑩ 재심결과 수용, ⑪ 공표 순으로 진행된다.

3) ISO 21001:2018(EOMS: Education Organization Management System) 및 ISO 29993:2017

학습 서비스 공급자와 학습 서비스 수요자들을 위한 범용적 기준

(Reference)인 ISO 29990:2010은 폐지됐으며, 현재는 ISO 21001:2018 및 ISO 29993:2017이 운영되고 있다.

(1) ISO 21001:2018 개요

정규교육과 정규교육 외에 모두 적용이 가능하며, 학습자, 기타 수혜자를 만족시킬 수 있는 교육 서비스 제공을 위한 국제기준이며, 상호 관련된 교육 경영 프로세스를 하나의 시스템으로 관리함으로써 교육의 효과성, 효율성에 기여하며, 기관의 교육 행정 및 운영의 혁신 방안을 제공한다.

(2) ISO 21001:2018 발행 배경

교육의 질에 대한 관심이 증대됨에 따라, 학습자가 기대하는 교육 서비스 제공을 위하여 국제사회의 합의를 거쳐 ISO 21001:2018을 ISO 표준화위원회에서 개발하였으며, 정부 · 교육 분야 전문가 및 이해관계자 단체가 참여하였다. 교육기관은 ISO 21001:2018을 통해 3개 목표(질 좋은 교육, 불평등 해소, 지속 가능한 도시와 커뮤니티)에 기여할 수 있다.

(3) ISO 21001:2018 기본모델

국제표준공통구조(HSL: High Structure Level) 기반이므로, 다른 경영시스템(품질, 환경, 안전보건 등)과 통합하여 운영할 수 있다.

(4) ISO 21001:2018 목표

학습자 및 기타 수혜자, 교직원을 만족시키며, 더 나은 교육 서비스 및 제품을 제공할 수 있도록 교육기관의 역량과 성과 향상을 목표로 한다.

(5) ISO 21001:2018 경영원칙

ISO 21001:2018은 ① 학습자와 기타 수혜자에 대한 통찰적 리더십, ② 참여와 협력, ③ 프로세스접근법, ④ 개선, ⑤ 증거에 기반한 결정, ⑥ 이해관계와 관리, ⑦ 사회적 책임, ⑧ 접근과 공평성, ⑨ 교육의 윤리성, ⑩ 정보보안을 원칙으로 한다.

(6) ISO 21001:2018 필요성

유치원부터 대학, 평생교육에 이르기까지 교육 환경은 끊임없이 변하고 있으며, 교육기관과 학습자의 관계가 전통적인 관계에서 새로운 협력관계로 변화함에 따라 학습자의 기대도 커지고 있으며, 교육기관은 새로운 트렌드에 적용하면서 우수한 교육 서비스를 제공하기 위해 ISO 21001:2018을 적용하여야 한다.

(7) ISO 21001:2018 기대효과

학습자, 기타 수혜자 및 교직원 만족도 제고하며, 교육 기관경영의 효과성과 효율성 향상, 국제적 프레임워크에 기반한 글로벌 경영시스템 운영, 교육 서비스 개선을 위한 조직 문화 확립, 모든 학습자에게 맞춤식 교육 및 동등한 기회 제공을 통한 학습효과 증진이 가능하다.

(8) ISO 29993:2017 개요

정규교육 이외의 학습에 대한 체계적인 요구사항의 필요성이 대두되었고, 2017년 이러한 학습 서비스에 대한 ISO 표준이 제정되었으며, ISO 29993:2017은 정규교육 이외의 모든 유형의 평생 학습 서비스(ex. 직업훈련 및 사내훈련 등)에 대한 요구사항을 지정하며, 조직에 적용할 경우, 학습 서비스 범위에 한해 적용 가능하다. 교육 목표의 정의 및 교육 서비스의 평가, 교육자와 서비스 제공자의 상호작용에 관한 내용을 포함하고 학습자가 자신의 목표와 목적에 적합한 학습 서비스를 선택하는 데 도움을 주어, 제공자와 학습자의 이해와 인식을 촉진시키기 위하여 제정된 표준이다.

(9) ISO 29993:2017 필요성

ISO 29993:2017은 ① 교육 제공자 및 교육에 관한 명확한 정보를 제공하여 학습자의 신뢰성 향상, ② 국제적으로 합의된 서비스에 대한 최소 요구사항을 적용함으로써, 투명성 획득 및 국제 시장에서의 인지도 향상 가능, ③ 체계적으로 설계된 관리시스템의 구현으로 인해, 학습 서비스 제공자(LSP: Learning Service Provider)의 일관된 서비스 제공 가능, ④ 조직 내에서 공유 가능한 학습 서비스 개선을 위한 모델 제공, ⑤ 개인과 사회의 다양한 요구사항을 충족시키는 데 유연하게 대처 가능케 하는 데 필요하다.

4) 온라인교육 동향과 콘텐츠 저작권 문제

교육기관에서 온라인교육의 방법인 이러닝을 기초로 한 교육이 열풍이 불고 있으며, 학업 성취도 향상이라는 교육 목적과 수업 운영비용의 절감이라는 경제 효과 충족, COVID-19 감염방지 목적을 달성할 수 있을 것으로 평가되고 있다. 그러나 교육 수용자의 욕구 파악과 교육 목적에 방점이 찍히지 않는 온라인교육은 교수자와 학습자의 상호작용(피드백) 단절, 커뮤니케이션 단절, 학습 지연유발, 실재감 부족에 근거한 교육만족도 저

하 등으로 인해 필연적으로 실패할 수밖에 없다. OCW(Open Course Ware)*,
MOOC(Massive Open Online Course)**, 블렌디드 러닝(Blended Learning)***, 플
립 러닝(Flipped Learning)**** 등 교육 혁신 프로그램 대부분은 근원적으로
볼 때, 이러닝 또는 이러닝의 확장 모델이라고 할 수 있고, 이러닝은 인터
넷, 스마트폰, 태블릿PC 등 정보통신기술(ICT: Information Communication
Technology)을 활용해 언제, 어디서나 수준별 학습을 가능하게 한 학습 체제
를 의미한다. 이러닝의 장점은 ① 인터넷이 있는 곳이라면 시간과 장소에

---

* OCW는 'Open Course Ware'의 약자다. 오픈된 라이선스(CCL: Creative Common License)가 적용되
는 교육 콘텐츠를 누구나 활용할 수 있도록 공개한 서비스, 즉 '온라인 강의 공개 서비스'를 의미한다.
OCW는 2000년대 초 국경과 계층을 넘어 누구나 고등교육의 기회를 가질 수 있도록 하기 위한 교육
자원공개 운동(OER: Open Educational Resources Movement)의 일환으로 시작되었다. OCW에는 MIT,
스탠퍼드, UC버클리, 예일, UCLA, 하버드, 옥스퍼드 대학교 등이 참여하고 있다.

** MOOC(Massive Open Online Course)는 '대규모 온라인 공개강좌' 또는 '개방형 온라인 강좌'로 번역
된다. MOOC는 온라인을 활용해 언제, 어디서든 양질의 대학 강의를 들을 수 있게 한 새로운 형태
의 고등교육 시스템이다. MOOC의 시초 역시 OCW와 같다. MOOC는 2001년부터 MIT를 중심
으로 진행된 교육자원공개 운동(OER: Open Educational Resources Movement)에서 시작되었다. 지식 나
눔의 실천이라는 목표를 가지고 있다는 측면에서 MOOC와 OCW는 유사한 가치를 지향한다고 할
수 있다. 그러나 OCW와 MOOC는 근본적인 차이가 있다. OCW는 온라인상에 강의를 공개하고,
수용자들이 그것을 듣는 것에 그치는 경우가 대부분이다. 일방적인 온라인 강의 공개 서비스인 것이
다. 반면, MOOC는 쌍방향적 온라인 강의 공개 서비스라고 할 수 있다.

*** 블렌디드 러닝(Blended Learning)은 두 가지 이상의 학습방법이 결합한 상태에서 이루어지는 학습을
의미한다. 일반적인 의미의 블렌디드 러닝은 온라인 강좌(온라인 학습)와 오프라인 강좌(면대면 학습)
가 혼합된 형태의 교육을 의미한다. 네이버 IT 용어사전과 위키피디아에 따르면 블렌디드 러닝은
학습 효과를 제고하기 위해 마치 칵테일처럼 온라인과 오프라인 교육을 혼합(blending)하는 것에서
착안되었다.

**** 플립 러닝(Flipped Learning)은 '거꾸로 학습', '거꾸로 교실', '역전 학습', '반전 학습', '역진행 수업
방식' 등으로 번역된다. 강의실에서 강의를 받고, 집에서 과제를 하는 전통적인 수업 방식과 달리
수업에 앞서 교수가 제공한 자료(온·오프라인 영상, 논문 자료 등)를 사전에 학습하고, 강의실에서는
토론, 과제 풀이 등을 하는 형태의 수업 방식을 의미한다.

구애받지 않고 학습할 수 있다는 의미의 '개방성', ② 멀티태스킹을 통한 학습 가능, 학습자 주도적 학습이 가능하다는 의미의 '융통성', ③ 교수자의 교내 교육이라는 한정된 강의에서 벗어나 전국적·세계적 우수 교수진의 강의를 한 곳에서 수강할 수 있다는 '분산성', ④ 교수자의 관점에서 볼 때, 이러닝은 '수업 관리에 대한 효율성'이라는 장점이 있다. 효과적인 이러닝을 끌어내기 위해서는 효율적인 이러닝 인프라, 교수·학습 환경의 구축이 필요하며, 질적 수준이 높은 교육 콘텐츠의 설계가 필수다. 학습자들의 이러닝에 대한 인식과 욕구를 지속해서 파악하고, 이를 바탕으로 이러닝의 긍정적 효과를 극대화(부정적 효과를 최소화)하는 방향의 교수 설계가 필요하다.

온라인 교육의 활성화를 위해 저작권에 관련된 사항을 반드시 준수하여야 한다. 「저작권법」에 의한 저작권 침해가 이루어지는 조건을 확인하고, 온라인교육으로 인해 법적인 문제가 발생하지 않도록 주의를 기울여야 한다. 교육 콘텐츠가 공익을 추구하는 목적에 의해 제작되지만, 다른 저작물의 적합한 법적 사항을 위반하였을 경우 인용물로 간주돼 공익 목적이었음에도 저작권 침해 소지가 될 수 있다. 「저작권법」 제4조(저작물의 예시 등)에 의하면 소설·시·논문·강연·연설·각본 그 밖의 어문저작물, 영상저작물, 컴퓨터프로그램저작물 등은 온라인교육에서 저작권 침해 소지가 다분한 부문이다. 그러므로 교수자는 자신이 만든 교육 자료가 「저작권법」에 위배되는 사항인가 면밀히 확인하는 자기 점검이 필요하다.

5) 디펙토 스탠더드(De Facto Standard) 및 온라인교육 기관 인증 방향성

'디펙토(라틴어: De Facto)'는 사실상의 의미로 쓰이는 표현으로, 법적으로 공인된 사항이 아니더라도 실제 존재하는 사례를 가리키는 말이다. 현실에서 일어난 일을 가리킨다는 점에서 법적으로 일어난(법에 따라 인정된) 일을 가리키는 '데 유레(De Jure)'와 대비되어 사용된다. 즉, 널리 인정되는 공식적 관습을 디펙토 표준이라 부르기도 한다. AICBMS(AI, IoT, Cloud, BigData, Mobile, Security)기술의 급속한 발전과 국가적 상호이해 관계가 복잡하게 엮인 경제 가치사슬(GVC: Global Value Chain)에 있어 국제표준, 국가표준, 단체표준의 공적 표준보다 사실상 표준의 활용사례가 점차 늘고 있다. 미국의 경우 유럽과 달리 국제표준인 ISO의 체계를 따르는 것보다 ASTM(American Society for Testing and Materials, 미국재료시험학회), ASME(The American Society of Mechanical Engineers, 미국기계기술자학회), IEEE(Institute of Electrical and Electronics Engineers, 미국전기전자기술자 학회) 등 미국 이익단체의 단체표준을 사용하는 사례가 많으며, 이는 국가, 단체의 적극적 지원으로 새로운 국제표준으로 확장되거나, 계속 서로의 인정 속에 사실상 표준으로 적용되고 있다. 온라인교육의 멀티미디어 콘텐츠 분야는 국외의 사실상 표준 활용 현황은 대다수의 경우 민간이 중심이 되어 표준화 기구를 설립하고 기업이 후원하는 구조로 표준화가 추진되고 있으며, 이런 형태의 표준화 기구로서는 OASIS, WSI, OMG, W3C, WfMC 등이 있으며, 주로 대형 소프트웨어 업체들의 지원을 통해 운영된다. 다른 경우에는 국제기구가 중심이 되어 표준화를 추진하는 형태가 있는데, 이러한 사례로는 UN/CEFACT, ISO/IEC 등이 있으며, 국제기구에서는 표준화 기구의 간사 역할을 수행하고, 자발적 참여자가 표준을 제작하는 형태로 운영되고 있다. 국내의 사실상 표준 활용 현황은 국제표준을 거의 수용하면서, 국내 환경에 맞도록 일부 수정하는 때도 있으며, 국내표준화 활동 역시 국제표준을 단순 수용할 뿐 국내 환경에 맞도록 수정하거나 국내표준화를 추진하는 체계가 준비되어 있지 못한 실정이다. 즉, 국내의 경우 표준과 관련된 전문 인력이 부족하고, 이를 체계적으로 추진할 만한 기관이나 기구가 아직은 부족한 실태이다. 국제표준의 국내 적용을 위한 가이드라인이나 참고 간행물 제작은 하나의 지침서 역할을 할 수 있으나, 이는 정식 국제표준의 범주에는 들어가지 않음에 비하여 국제표준기구의 일부 기술위원회에 참가하여 표준을 만드는 데 참여할 필요가 있다.

온라인 콘텐츠 및 교육기관의 인증 표준화를 위해 표준화 원칙과 방법을 규정하여 기술 분야에서 전 세계에 걸쳐 시장지배력을 갖는 사실상 표준으로 개발되고, 국제표준의 평가 수단 수준으로 심화하여 구축하여야 한다. 앞으로는 합리적이고 중심적으로 국제표준화 활동을 참여하는 메커니즘을 수립하고, 정부의 거시적 관리, 산업계의 적극적 참여, 사회가 지지하는 국제표준화 활동 참여 메커니즘을 형성해야 한다. 또한, 온라인 콘텐츠를 활용하는 교육 기관들이 합심하여 포럼 및 컨소시엄 표준, 단체표준을 제정하여 시장지배력을 키워야 한다. 이러한 표준은 공적 표준과는 다르게 폭넓은 이해관계자의 합의가 필요치 않으므로 신속하게 표준을 제정하여 시장에 보급함으로써, 첨단 및 신기술 제품의 시장지배 수단으로 활용될 수 있다. 표준을 작성·공유하는 그룹의 구성원들은 개방적이고, 관계자 사이에서 후발 업체 및 기관에 시장 접근의 포용성을 가져야 한다.

온라인 교육기관 인증 표준의 경우 표준의 제·개정이 빈번할 것으로 예측되므로 동 분야의 헤게모니 확보에 더 적극적이어야 하며, 도입 및 활용하여야 한다. 도입에 관한 방법론으로는 두 가지 방법을 고려해 볼 수 있다. 첫째, 국가기관인 국가기술표준원이 도입이 필요한 분야를 선정하고, 해외 사실상 표준 기관과의 MOU를 통해 국가표준으로 도입하는 방법이 있고, 둘째, 민간 부문에서 분야별 사실상 표준 기관과의 MOU를 통하여 국내 단체표준으로 우선 도입하여 사용하는 것을 원칙으로 하고, 필요한 경우 제한적으로 국가표준으로 도입하는 방법이 있다. 온라인 교육기관 인증 표준 도입방안을 마련하여 효과적 대응체계를 구축하는 것이 필요하다.

6) 교육 분야에서의 Metaverse의 활용

한 방향 원격 수업은 코로나 19로 언택트(Untact)&온택트(Ontact)수업으로 활성화되었으나, 일방향 진행으로 지루함과 비효율성이 대두되고 있다. 이러한 문제를 해결하기 위한 Metaverse 활용 비대면 수업은 쌍방향이며, 가상공간 내에서 아바타를 이용한 자신의 부 캐릭터를 만들고, 상호작용을 통하여 현실세계와 유사한 활동을 할 수 있고, 가상세계를 통한 자아실현이 가능하다. 교육 분야 적용을 통해 현실세계에서 직접 체험하기 어려운 다양한 직업 세계를 체험할 수 있으며, 가상 실험을 통해 실패율을 줄일 수 있으며, 새로운 비즈니스 개발 및 자신의 의견을 피력할 수 있는 공간으로 만들 수 있다. 더 나아가 아바타를 통해 음악 활동, 모델 등 분야별 전문가가 될 수도 있다. 또한, 디지털 교과서로의 전환을 넘어 VR, XR, AR, MR을 통해 Metaverse로의 전환이 용이하나, 교수, 학습방법의 새로운 전환이 요구되며, 초연결 세상의 접근을 통해 새로운 지식으로의 전환과 연결, 수정이 쉬우며 데이터화된 학습 활동 분석을 통해 교수, 학습환경의 구축에 활용할 수 있다. 즉, 실감형 콘텐츠를 통한 역동성과 현실감은 교육 효과성에 큰 발전을 기할 수 있다.

7) 결론

온라인교육에 대해 「저작권법」에 의한 법적 분쟁 소지를 없애고, 물리적 · 심리적 편의성, 학습 과정의 용이성, 정보 교류의 용이성, 오프라인 비교 우위성, 일과의 병행 가능성, 비의도성을 지표로 하는 평가 시스템을 구축하여야 하며, 그 기준으로 온라인 교육기관의 인증 표준을 제정하여 시행하여야 한다. 현재 국제표준이 존재하지 않으므로 단체표준 혹은 디펙토 스탠다드(De Facto Standard) 표준을 제정하여 국제기구에서 정하는 표준보다 사실상의 표준을 만들어야 한다. Metaverse를 이용한 온라인 교육 인증 표준은 좋은 방향일 것이며, 디펙토 스탠다드를 위한 업계의 노력과 정부의 강력한 정책이 조합되어야만 가능하다. 현재는 디펙토 스탠다드가 정해지지 않은 다양한 접근이 시도되는 단계로 시장이 검증이 없어서 여러 접근이 시도되고 있는 기술 사이클 이론(Technology Cycle Theory)에서 말하는 혼돈의 시기이다. 각계의 노력을 통한 온라인교육 활성화를 추구하고, 체계의 기술적 우위를 지킬 수 있도록 대한민국 고유의 새로운 인증 표준을 제정하여야 한다.

4. 이머징 규제 Worst 3 개선 방안
(제조물책임법, 개인정보보호, 사이버 보안)

1) 제조물책임법(PL) 대응 시스템 구축

최근 들어 활성화되고 있는 '메타버스' 관련 국내기업 네이버제트가 출
시한 '제페토'는 전 세계 약 2억 명의 이용자를 보유하고 있고, 방탄소년단
(BTS)이 팬 커뮤니티 플랫폼 '위버스'에서 개최한 가상 콘서트에는 270만
명이 넘는 이용자가 몰리기도 하였다. 이처럼 메타버스가 차세대 핵심 산업
으로 부상하면서 자사 보유 기술, IP 등을 활용하여 메타버스 플랫폼을 구
축하고자 하는 기업들도 늘어나고 있으므로 메타버스 세계는 어떤 법률에
의하여 규율될 것인가? 최근 미국에서는 메타버스와 관련된 다양한 소송이
제기되었는데, 전미음악출판협회(NMPA)는 메타버스 게임업체 로블록스
(Roblox)가 이용자들에게 판매하는 가상 음악 재생 장치에서 음악이 불법으
로 사용되고 있다는 이유로 2천억 원 규모의 저작권 침해 소송을 제기하였
고, 군용차 '험비(Humvee)'를 제조하는 미국 자동차 회사 AM 제네럴은 액
티비전 블리자드가 제공하는 FPS 게임 '콜 오브 듀티(call of duty)' 시리즈에
AM 제네럴의 사전 동의 없이 '험비'가 사용되었다는 점을 문제 삼으며 상
표권 침해 소송을 제기하였다. 미국의 색소폰 연주자 Leo Pellegrino는 '포

트나이트' 게임 내에서 아바타가 춤을 추도록 하는 '이모트' 기능 중 'Phone it in'이 자신의 댄스를 구현한 것이라며, 퍼블리시티권 침해 등을 주장하는 소송을 제기하였다. 이처럼 '메타버스' 세계는 기존의 '사이버 공간(Cyber Space)'과는 달리 다양한 주체의 동시적 상호작용을 그 특성으로 하는 만큼, 권리의 귀속 및 보호, 침해의 양상이 달라지면서, 그로 인한 법적 분쟁이 다양한 영역에서 발생할 것으로 예상된다. 이에 이하에서는 '메타버스'에서 주로 문제가 될 것으로 예상되는 법적인 쟁점에 대해 대응방안을 제안하고자 한다.

앞서 언급한 바와 같이 '메타버스(Metaverse)'는 초월을 의미하는 '메타(Meta)'와 세계를 의미하는 '유니버스(Universe)'의 합성어로 가상과 현실이 결합된 일종의 가상세계를 의미한다. 모바일 디바이스 및 네트워크 기술 등의 발전과 산업 간의 융합을 통하여, 사람들이 언제 어디서나 가상세계에 접속하여 다른 이용자들과 교류할 수 있게 되면서, 현실의 시공간을 초월한 '또 하나의 생태계'가 등장하게 된 것이다. '메타버스'는 기존의 '사이버 공간(Cyber Space)'과는 달리, 이용자가 가상세계에서 현실과 동일하게 사회, 경제, 문화 활동을 할 수 있는 플랫폼이라는 점에서 차이를 가진다. 예컨대, 이용자는 메타버스 내에서 자신의 아바타를 통해 다른 이용자와 상호작용할 수 있을 뿐만 아니라, 스스로 창작한 콘텐츠 또는 기존의 콘텐츠를 이용, 유통하여 경제활동을 영위할 수도 있다고 볼 수 있다. 이 지점에서 기존의 '사이버 공간'과는 전혀 다른 법적 이슈들이 발생할 수 있으며, 메타버스의 주요 법적 쟁점으로는 다음의 5가지가 예상되고 있다.

첫 번째로는, 창작물의 저작권과 그 보호 측면이다. 메타버스 내에서 이용자들은 제공되거나 스스로 획득한 도구를 이용해 건물을 짓거나 옷을 만들고 공연을 하는 등 다양한 창작활동을 할 수 있다. 이에 해당 창작물의 성격, 권리의 귀속 내지는 제3자의 저작권 침해 주장에 대한 책임의 귀속에 관한 문제가 발생할 수 있다. 통상적으로 로블록스나 제페토와 같은 메타버스 플랫폼들은 이용자들이 만든 창작물에 대한 저작권은 이용자들이 갖되, 그러한 창작물의 '사용'이나 '서비스'에 대하여 메타버스 운영자들이 포괄적인 라이선스를 부여 받는 것으로 정하고 있다. 이처럼 메타버스 플랫폼을 운영하는 경우, 창작물에 대한 권리 귀속 및 제3자의 저작권 침해 주장과 관련된 불필요한 분쟁을 예방하기 위하여, 사전에 자신의 서비스 구조에 맞는 저작권 귀속 및 저작권 침해 주장 관련 사항을 미리 약관이나 이용정책 등에 명확하게 정하여 둘 필요가 있다. 메타버스 세계에서는 인공지능(AI)을 통해 아바타가 스스로 생산 활동을 하는 경우도 있는 만큼, "인공지능 창작물"의 저작권에 관한 논란도 있을 수 있다. 실제 제페토 내에서 활발히 활동하고 있는 인공지능 작곡가 Aimy Moon은 가상 기획사, 가상 아이돌, 인플루언서들이 원하는 음악을 작곡할 뿐만 아니라 실제 아티스트들의 K-pop 음원 제작에도 참여하고 있는 상황이다. 이 경우, '저작물'은 '인간'의 사상 또는 감정을 표현한 창작물이라고 규정되어 있다(저작권법 제2조 제1호). 이에 인격이 없는 인공지능은 저작권의 주체가 될 수 없다고 보는 시각이 존재하는 한편, 인공지능이 이미 문화예술 영역에서 상당한 실력을 발휘하고 있고, 그 창작물이 인간의 감정과 욕구를 충족시키는 이상 인공지능을 저작자로 인정해야 한다는 의견도 대두되고 있다. 결국 인공지능을 창작의 주체(저작자)로 인정하기 위해서는, 인간 창작자, 인공지능 창작자 및 이용자 모두의 이해의 균형을 새롭게 고려할 필요가 있으며, 기술의 발전으로 시각적 이미지를 가상의 세계에서 보다 생생하게 구현할 수 있게 된 메타버스 플랫폼에서는 무용, 건축저작물 등 보다 다양한 저작물의 권리침해가 문제 될 수 있어 보인다. 실제로 최근 미국에서는 메타버스 플랫폼에서 아바타가 취하는 특징적인 짧은 동작이 저작권을 침해하는지 여부가 문제 된 사례가 많이 나타나고 있다. 또한, 메타버스 세계가 확장되면서 현실세계에서 저작권이 문제 되지 않았던 영역들이 새롭게 조명될 수도 있을 것으로 예상되고 있다. 예컨대, 응용미술저작물은 '물품에 동일한 형상으로 복제될 수 있는 미술저작물로서 그 이용된 물품과 구분되어 독자성을 인정할 수 있는 것'을 말하는데(「저작권법」 제2조 제15호), 현실세계의 패션, 공예품, 가구 등을 메타버스에 그대로 재현한다면 응용미술저작권 침해에 해당할 여지가 있다고 예상되고 있다. 반대로 메타버스에서 창작된 패션, 공예품, 가구 등을 현실세계에 구현하거나, 혹은 다시 메타버스 세계에서 복제하는 경우도 있을 수 있으며, 메타버스에서 만들어진 패션, 공예품, 가구 등은 '실용품'에 응용되었다고 보기 어려워 '응용미술'로 인정될 수는 없겠지만, 별도의 '창작성'을 갖추었다면 미술저작물의 일종으로 취급될 여지가 있다. 그 결과 현실세계에서는 '실용품에의 응용 가능성' 또는 '분리 가능성'이 없어 응용미술저작물에 해당하지 않았던 창작물이 메타버스로 이전되거나 메타버스에서 창작됨으로써 미술저작물로 보호되는 새로운 사례도 등장할 것으로 예상되고 있다. 따라서, NFT(Non-Fungible Token)와 관련한 이슈도 발생할 수 있다. 블록체인 기술에 기반한 NFT는 대체 불가능한 특성으로 인해 디지털 창작물에 대한 소유권 증명을 용이하게 한다는 점에서, 메타버스 세계와 결합할 유인이 높다. NFT를 이용해 메타버스 안에서 이용자들 간에 '자산'을 거래할 수 있게 하여 하나의 독립된 경제 생태계를 만들 수 있으며, NFT를 이용한 자산 거래에 따른 디지털 화폐의 '현금화'를 가능하게 함으로써, 메타버스 세계가 현실세계와 연결될 수 있는 것이다. 다만, 이 경우 창작자가 아닌 다른 사람이 임의로 창작물을 NFT로 선등록해 그 소유권을 주장하거나, 패러디물 등 2차적 저작물의 NFT 소유권이 원저작물의 권리를 침해하는 일이 발생할 여지가 있어 보이며, 또한 NFT를 통하여 작품의 소유권을 취득한 후 원본을 소각하는 경우도 있었다. 그러나 이에 대해 창작자나 NFT 거래 참여자가 법적인 보호를 받을 수 있는 장치는 아직까지 미비한 실정으로 메타버스 내에서 일어나는 저작물의 이용 '태양'을 명확히 설정하는 것 및 메타버스 내 저작권 관련 분쟁 발생 시 그 '준거법'을 결정하는 것도 문제가 될 여지가 있어 보인다. 예컨대, 힙합 가수 트래비스 스캇은 2020.4. 메타버스 게임 '포트나이트'에서 아바타로 변신해 신곡 발표 쇼케이스를 진행한 바 있는데, 이와 같은 메타버스 내의 가상 콘서트 개최 행위는 저작권법상 '공연'인지 '전송'인지 여부가 아직 불분명한 상태이다. 또한 국경을 초월한 메타버스 세계 내에서 특정 아바타가 위 트래비스 스캇의 신곡에 대한 표절 행위를 하는 등 저작권 침해 행위를 자행할 경우, 어느 국가의 법률을 적용해야 하는지 등 준거법 결정과 관련하여서도, 다양한 논의가 이어지고 있지만 아직 명확하게 결론에는 도달하지 못하고 있는 상태이다.

두 번째로는 메타버스 내 '짝퉁' 상품의 상표권 침해를 들 수 있다.

최근 구찌(Gucci)가 제페토를 통해 버추얼 컬렉션을 판매하는 등 각종 패션 브랜드가 메타버스로 진출하여 기존의 사업 모델을 디지털로 확장하는 모습을 보이고 있다. 패션 브랜드의 로고나 디자인 등 기존 IP를 활용한 디지털 패션 상품이 아바타를 중심으로 한 메타버스에 유통되면서, 메타버스 내에서 소위 '짝퉁' 상품에 대한 상표권 침해 가능성도 중요한 이슈로 떠오르게 되었으며, 상표 등록을 위해서는 상표와 함께 보호받으려는 상품을 지정해야 하며, 상표권자는 동일 또는 유사한 지정 상품에 대해서만 보호를 받을 수 있다. 특히 상표권자가 아닌 사람이 메타버스 내의 특정 상품에 대하여 타인의 상표를 사용하는 경우, 메타버스 내의 의류를 상표법상 '상품'으로 볼 수 있을지, 볼 수 있다면 '동일 또는 유사한' 상품에 상표를 사용한 것으로 볼 수 있을지 여부가 쟁점이 될 것이다. 상표법상의 '상품'이란 그 자체가 교환 가치를 가지고 독립된 상거래의 목적물이 되는 물품을 의미하므로(대법원 1999.6.25. 선고 98후58 판결 등), 메타버스 공간의 의류도 일부분은 상표법상 상품에 속하는 것으로 해석될 수 있다고 판단되고 있으며, 다만, 메타버스 내의 의류가 일반적인 의류와 동일 또는 유사한 지정 상품(제25류)에 해당하는지 여부가 문제가 될 수 있어 보인다. 메타버스 내의 의류는 '화상 이미지'에 가까운 것으로 해석될 수 있으므로, '내려받기 가능한 이미지 파일(제9류)'에 해당하여 현실세계의 의류와 '동일 또는 유사한' 상품에 상표를 사용한 것이 아니라고 판단 받을 가능성이 높기 때문에 기존 상표권자의 상표권을 침해하지 않는다고 판단 받을 가능성이 사실상 존재한다고 볼 수 있다.

세 번째로는 퍼블리시티권 침해 및 성과물 도용 등 부정경쟁행위를 들 수 있다.

부정경쟁방지 및 영업비밀보호에 관한 법률(이하 '부정경쟁방지법')은 상품 주체 혼동, 저명상표 희석, 성과물 도용 등 기존의 정형화된 저작권이나 상표권의 보호 경계에 있는 이슈들을 규율하고 있다. 이에 메타버스 세계에서 타인을 사칭하거나 타인의 권리를 도용하는 다양한 형태의 경제 활동에 대하여는, 부정경쟁방지법이 폭넓게 적용될 수 있을 것으로 볼 수 있다. 예컨 대, 메타버스 내에서 유명인사의 외형 등을 자신의 아바타로 무단 사용해 서 영리 행위를 할 경우, 퍼블리시티권 침해 또는 성과물 도용 행위에 해당 할 여지가 있으며, 또한 현존하는 건축물을 재현하는 경우 저작권법 제35조 제2항 각호의 예외사유에 해당하지 않아 저작권 침해를 구성하지 않는다고 하더라도, 성과물 도용의 부정경쟁행위에 해당할 수도 있어 보인다. 앞서 언급한 바와 같이, '짝퉁 상품' 판매 행위 등의 경우 지정 상품이 동일, 유사 하지 않음을 이유로 상표권 침해를 구성하지 않는다고 하더라도, 상품 주체 혼동 또는 저명상표 희석의 부정경쟁행위에 해당할 여지가 충분히 있다고 판단되고 있다.

네 번째로는 메타버스 내의 개인정보 이슈를 들 수 있다. 메타버스에서는 확장 현실(XR: Extended Reality)을 지원하기 위하여 기존에 생성되지 않았던 다양한 정보가 수집되어 처리될 수 있다. 예컨대, 이용자의 특정한 경험 시 간, 교류 상대방, 대화, 아바타 아이템 등 개인을 속속들이 알아볼 수 있는 정보가 수집, 처리될 수 있으며, 눈동자(시선) 추적 기술 등의 발전에 따라 현실의 신체 반응까지 수집되어 이용될 여지가 존재하고 있으므로 기존 사 이버 공간의 경우 진입 및 개인정보의 제공, 공유 시점이 비교적 명확한 데 반해, 메타버스에서는 각 정보 주체들이 현실세계와 마찬가지로 상호작용 함에 따라, 어떠한 개인정보가, 어느 시점에, 누구와 공유되는지를 확인하 기 어렵다고 판단된다. 이에 현재 사이버 공간에서 논의되고 있는 개인정보 보호법령상의 쟁점 외에 새로운 문제가 야기될 여지가 있으며, 특히 접속 시의 연령 인증은 일단 메타버스에 진입한 후에는 무용하다는 점에서, 미성

년자 프라이버시의 보호에 관한 문제가 발생할 수 있으며 또한 메타버스 내 아바타의 위치정보도 위치정보의 보호 및 이용 등에 관한 법률의 적용대상이 되는지도 문제 될 여지가 충분히 있는 상태이다.

　마지막으로 활동 주체 '아바타'의 법적 지위에 따른 제반 문제가 대두될 수 있다.

　메타버스 내에서는 이용자의 또 다른 인격체(분신)인 아바타가 존재하므로 따라서 아바타에게 현실세계의 사람과 동일한 인격권을 인정할 수 있는지, 평등의 원칙 등 헌법상의 기본 원칙을 메타버스 세계 내의 아바타에게도 적용해야 하는지 여부가 문제 될 수 있다. 메타버스 내에서는 일반 사회 생활과 동일하게 아바타 간 상호작용이 발생하여 하나의 경제 생태계를 이룰 수 있으므로, 아바타가 다른 아바타에게 채무를 불이행하거나 성희롱, 폭행, 명예훼손 등 불법행위를 자행할 가능성이 존재하므로 더욱이 아바타의 상업 활동(아이템 제작, 판매 또는 부동산 거래)도 일어날 수 있고, 해당 상업 활동이 기업화되어 경영 활동으로 이어질 수 있으며, 이에 일부 아바타는 메타버스 내에서 노동을 제공하는 것으로 판단 받을 여지도 있다. 이에 위와 같은 아바타의 일련의 행위에 대하여 현실의 법령(민법, 형법, 상법 또는 노동법 등)이 그대로 적용될 수 있는지 여부도 문제 될 수 있으므로 더욱이 메타버스 '내'에서 발생한 수입이나 거래에 대하여, 메타버스 운영자 등에 의한 조세제도를 도입할 수 있는지 여부도 향후 메타버스 활성화에 따라 충분히 시간을 갖고 해당 당사자 국가 간에 TBT 측면에서 깊은 논의가 필요한 부분이다.

　그러므로 현재 우리나라 정부는 메타버스를 혁신 신산업으로 규정하고,

규제보다는 서비스 확산 및 이용 활성화 기반 조성을 통한 '성장'에 초점을 맞추고 있는 것으로 보았으며, 위와 같은 취지에서 2021.5., 정부와 네이버, 카카오, 통신3사(SKT, KT, LG), 현대차 등 관련 산업계의 협력을 도모하는 민간 '메타버스 얼라이언스'가 출범하기도 하였다. 민간이 산업과 기술 동향을 하는 포럼, 법제도 정비를 위한 자문, 플랫폼 발굴·기획 등의 프로젝트를 진행하면, 정부는 위 얼라이언스에서 제시한 결과물을 바탕으로 개방형 메타버스 생태계 구축 지원 등 다양한 지원방안을 모색한다는 계획이다. 결론적으로 글로벌 시장 환경을 살펴볼 때, 메타버스에 대한 뜨거운 관심은 이미 전 세계적인 현상으로 글로벌 시장조사기관 '스트래티지 애널리틱스 (SA)'는 메타버스 시장은 급격히 성장하여 2025년에는 약 300조 원 규모에 이를 것으로 전망하고 있다. 따라서 메타버스의 확장성은 게임, 엔터테인먼트 등 다양한 분야와 연계될 수 있다는 점에서 비롯되므로, 메타버스 세계가 팽창할수록 각종 콘텐츠 IP의 활동 저변 또한 크게 확대될 것으로 예상되고 있으므로 이처럼 가상세계에서 타인이 보유한 지식재산권 등을 새로운 방법으로 적극적으로 활용하게 됨에 따라 그에 따른 권리보호의 필요성이 대두되고, 지식재산권을 비롯한 각종 권리에 대한 새로운 분쟁이 급증할 것이다. 따라서 빠르게 성장하는 메타버스 시장을 우리나라가 선도하기 위해서는 메타버스와 관련된 다양한 시각과 고민을 바탕으로 선제적으로 사업의 방향성을 잡고, 이와 병행하여 잠재적 법적 리스크를 면밀히 분석하여 그에 대응할 수 있는 방향으로 사업을 발전시켜 나갈 필요가 있다고 볼 수 있다. 결론적으로 우리 PBL 1팀은 지식재산권을 비롯하여 메타버스 시대의 법률문제의 새로운 논의와 쟁점 사항에 대하여 선제적으로 대응할 수 있도록 다양한 분야 전문가들로 팀을 구성하여 새로운 법적 이슈들에 대하여 국가 주도의 산학연차원에서 전략적으로 대응해야 한다고 제안한다.

2) 메타버스 관련 적합성 평가 및 검증 시스템 보강

4차 산업혁명과 연계한 AI 기술의 하드웨어와 소프트웨어의 융합 기반으로 만들어진 메타버스 관련 신제품의 질과 성능을 보장하는 시스템 측면의 적합성 평가와 새로운 검증 시스템 도입이 절실하게 요구된다. 유럽과 미국 등의 해외 선진국에서는 주로 안전필수시스템(safety-critical system)이 필수적인 원전, 항공, 의료, 철도, 장치 산업 등에서 활용되는 컴퓨팅 자동제어시스템에 대한 검증을 IEC61508 등 국제 표준을 근간으로 하여 기능안전(Functional Safety), 신뢰성, 품질 및 성능 등에 대한 검증을 요구하고 있으며, 점차 모든 S/W 융합 분야에 확산되어 가는 추세이다. 신기술 관련 PL(Product Liability, 제조물책임법) 이슈가 부각될 우려가 있으므로 종래에 없던 신기능, 기술에 대한 개별단계 안전성 검증의 중요성이 부각되고 있으므로 개발과 검증을 동시에 수행하는 Agile 평가와 실사용 환경조건에 따른 검증 평가법 도입이 중요하다. 종래의 SW 검증 테스트는 데스크톱 기반의 시뮬레이션 환경에서 이뤄지는 경우가 대부분이었으나, AI 등의 신기술 개발 이슈는 시뮬레이션 테스트의 경우, Interrupt나 exception, floating point 연산과 같은 실제 타깃 환경의 영향으로 발생 가능한 현상이 고려되지 않아 수행 결과가 예상과 다를 수 있다는 것이 걱정으로 언급되고 있다. 따라서 최종 제품화 시 사용 환경에서 장애 발생률을 현저히 낮추기 위해서는 다시 실제 타깃 환경에서 SW를 동작해 보는 검증 활동이 필수적으로 수행되어야 한다(미국 내 규격/규제 시험인증기관들의 New. biz 영역으로 부각되고 있다.)

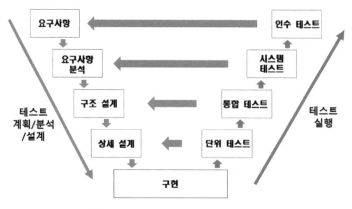

[그림 50] 개발과 품질검증 방식의 비교

3) 사이버 보안 관련 규제 대응 필요

메타버스 기술이 활성화됨에 따라 개인정보보호법과 클라우드 관련 현 규제의 개선이 시급하며, 개인정보의 보호를 우선시하여 데이터의 활용도를 저해하는 과도한 규제는 완화해야 한다. 이 대신 사후규제를 강화하고, 클라우드 관련 보안 기술의 인증 제도를 개선하는 노력이 필요하다. 정보통신망 이용촉진 및 정보 보호 등에 관한 법률에서는 정보통신서비스 제공자는 이전되는 개인정보 항목, 위치, 이용목적, 보유기간 등을 정보 주체에게 고지하고 동의를 구하도록 되어 있다. 따라서 클라우드 서비스 제공자는 데이터 개인정보가 저장되어 있는 서버의 국가 위치를 개인정보 제공자에게 고지하도록 되어 있으나, 현재 빅데이터 특성에 따라 데이터가 특정 서버에 저장되는 것이 아닌 여러 곳에 분산되어 있기 때문에 개인정보가 보관된 위치를 고지하기가 사실상 어렵다. 현재와 같이 국내만의 보안기술 인증제를 유지한다면 국내 클라우드 시장은 세계 표준과 달라질 수 있다. 따라서 클라우드의 보안기술은 특정 기술만을 인증해 주기보다는 글로벌 표준의 요구 사항에 따라 허용하며, 동시에 해당 기업의 책무를 강화하는 방식으로 전환할 필요가 있다. 제조업 중심의 국내 정책들을 산업계 전반으로 확산하여 개선하는 것이 필요하다. 이를 위해서는 인공지능과 빅데이터를 기반으로, 예측과 맞춤을 통한 현실의 최적화라는 모형이 산업의 전반에서 허용되어야 하지만, 국내에서는 빅데이터의 구축과 활용이 엄격한 규제로 인하여 어려움을 겪고 있는 상황이다. 인공지능이 주도한 4차 산업혁명으로 산업 구조의 재편에 능동적으로 대처하기 위해서는 제도개선, 법률제언, 지원정책수립, 인력양성과 같은 범국가 차원의 다양한 준비가 필요하다.

정보보호의 정의는 정보의 수집, 가공, 저장, 검색, 송신, 수신 중에 정보의 훼손, 변조, 유출 등을 방지하기 위한 관리적·기술적 수단을 강구하는 것을 말한다. (「정보화촉진기본법」 2조) 정보보호의 요구 사항은 기밀성(confidentiality), 무결성(integrity), 가용성(availability) 세 가지로 구분(OECD 정보보호 가이드라인)되며, 이러한 요구 사항은 정보보호의 속성일 뿐만 아니라 정보보호를 통하여 달성하고자 하는 기본적인 목표이다. 정보보호의 기본적인 목표는 내부 또는 외부의 침입자나 공격자로부터 각종 정보의 파괴, 변조, 유출 등과 같은 침해 사고로부터 중요한 정보 자산을 보호하는 것이다. 3대 목표 이외에도 6대 목표로는 책임추적성(Accountability), 인증성(Authentication), 신뢰성(Reliability)이 있다.

정보보호산업의 특성상 제품과 서비스의 통합화 및 융합화가 매우 빠르게 진행되고 있어 정보보호산업을 분류할 때, 예전의 하드웨어, 소프트웨어, 서비스의 3분야의 구분이 점차 모호해지고 있다. 정보보호산업은 정보보안과 물리보안으로 크게 구분할 수 있으며, 각각의 구체적 분류는 [표 13] 및

[표 14]와 같다.

[표 13] 2019년 정보보안제품 및 서비스 분류 (출처: 과기부)

대분류	소분류
정보보안 시스템 개발 및 공급	네트워크보안 시스템 개발
	시스템보안 솔루션 개발
	정보유출방지 시스템 개발
	암호/인증 시스템 개발
	보안관리 시스템 개발
정보보안 관련 서비스	보안컨설팅 서비스
	보안시스템 유지관리/보안성 지속 서비스
	보안관제 서비스
	보안교육 및 훈련 서비스
	공인/사설 인증서

[표 14] 2019년 물리보안제품 및 서비스 분류 (출처: 과기부)

대분류	소분류
물리보안 시스템 개발 및 공급	보안용 카메라 제조
	보안용 저장장치 제조
	CCTV 카메라 부품
	물리보안 솔루션
	물리보안 주변장비
	출입통제 장비 제조
	생체인식 보안시스템 제조
	경보/감시 장비 제조
	기타 제품
물리보안 관련 서비스	출동보안 서비스
	영상보안 서비스
	기타보안 서비스

글로벌 리서치 전문 업체인 가트너 보고서에 따르면, 글로벌 정보보안 시장은 2019년 기준 1천370억 달러(161조 1천805억 원)로 전년 대비 10.3% 성장하였다. 특히 데이터 시큐리티 시장이 17% 이상 성장해 30억 달러 규모로 크게 확대될 것이다. 이 외 시큐리티 서비스는 720억 달러 이상, 네트워크 시큐리티는 190억 달러 이상, 기반 보호는 10억 달러 이상, 인증과 접근 관리는 100억 달러 이상, 통합 리스크 관리는 50억 달러 이상, 컨슈머 보안은 70억 달러 이상, 애플리케이션 보안은 30억 달러 이상 시장 규모를 가져갈 것으로 예상하고 있다.

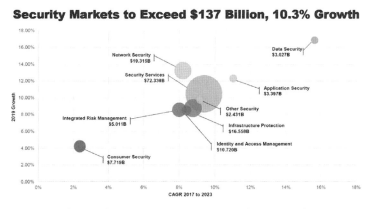

[그림 51] 2019년 글로벌 보안 시장 규모 (출처: 가트너)

지역별 전망은 북미, 서유럽, 일본이 가장 큰 보안 시장이며 일본을 제외한 아태지역, 중동과 서아프리카, 남미, 남아프리카 등은 가장 빠르게 성장하고 있는 시장으로 조사되었다. 반면 동유럽과 유라시아 지역은 성장이 줄어들고 있는 추세이다.

과학기술정보통신부에서 발행한 2019년 국내 정보보호산업실태조사

보고서에 따르면, 2019년 전체 정보보호산업 매출액은 총 10,557,237백만 원으로 2018년 대비 4.3% 증가한 것으로 조사되었다. 정보보안 매출액은 2018년 3,082,926백만 원에서 2019년 3,277,687백만 원으로 6.3% 증가하였으며, 물리보안 매출액은 2018년 7,034,918백만 원에서 2019년 7,279,550백만 원으로 3.5% 증가하였다.

정보보호산업 매출액은 2013년 7,100,205백만 원에서 연평균 6.8%씩 지속적으로 성장하고 있다. 이 중에서 정보보안 매출액은 2013년 1,631,113백만 원에서 연평균 12.3%씩 성장하고 있으며, 물리보안 매출액은 2013년 5,469,092백만 원에서 연평균 4.9%씩 성장하고 있다. 정보보호산업 매출액이 성장을 지속하고 있는 것은 정부의 법·제도 정비, 최근 보안사고 증가로 인한 경각심 고조, 정부 및 기업의 보안 투자 강화, 해외 진출 노력 등이 주요 원인인 것으로 분석된다.

정보보안산업과 물리보안산업의 매출 현황을 비교하자면 정보보안은 네트워크 보안 시스템 개발(771,656백만 원), 시스템보안 솔루션 개발(523,115백만 원) 분야의 매출 비중이 높으며, 보안교육 및 훈련 서비스(71.8%) 분야의 증가율이 높은 것으로 조사되었다. 정보보안 시스템 개발 및 공급 부문에서는 최근 각종 사이버보안 사고 발생 등에 따라 시스템보안 솔루션 개발, 보안관리 시스템 개발 제품의 수요가 증가한 것으로 분석되며, 정보보안 관련 서비스 부문에서는 보안 공격의 지능화, 고도화, 복잡/다양화에 대응하기 위한 보안교육 및 훈련 서비스가 크게 증가하는 것으로 분석되었다. 구체적 자료는 [표 15]와 같다.

[표 15] 정보보안산업 중분류 매출 현황 (단위: 백만 원, 출처: 과기부)

구분		2018년	2019년(E)	증감률(%)
정보보안 시스템 개발 및 공급	네트워크보안 시스템 개발	729,393	771,656	5.8
	시스템보안 솔루션 개발	488,402	523,115	7.1
	정보유출방지 시스템 개발	426,128	426,251	7.1
	암호/인증 시스템 개발	151,879	161,760	6.5
	보안관리 시스템 개발	297,920	327,790	10.0
	소계	2,093,723	2,240,572	7.0
정보보안 관련 서비스	보안컨설팅 서비스	302,099	321,478	6.4
	보안시스템 유지관리/ 보안성 지속 서비스	351,942	359,645	2.2
	보안관제 서비스	273,927	286,880	4.7
	보안교육 및 훈련 서비스	1,740	2,990	71.8
	공인/사설 인증서	59,496	66,122	11.1
	소계	989,203	1,037,115	4.8
합계		3,082,926	3,277,687	6.3

물리보안 제품은 물리보안 솔루션, 생체인식 보안시스템 제조, 기타보안 서비스 품목의 증가율이 상대적으로 높게 나타났다. 이는 물리보안 제품의 네트워크화, 지능화 등이 주요 요인으로 분석된다. 구체적 자료는 [표 16] 과 같다.

[표 16] 물리보안산업 중분류 매출 현황 (단위: 백만 원, 출처: 과기부)

구분		2018년	2019년(E)	증감률(%)
물리보안 시스템 개발 및 공급	보안용 카메라 제조	1,106,250	1,171,005	5.9
	보안용 저장장치 제조	907,487	923,263	1.7
	CCTV 카메라 부품	484,766	506,379	4.5
	물리보안 솔루션	378,902	419,198	10.6
	물리보안 주변장비	161,576	164,153	1.6
	출입통제 장비 제조	499,455	505,019	1.1
	생체인식 보안시스템 제조	293,378	315,218	7.4
	경보/감시 장비 제조	220,715	221,179	0.2
	기타 제품	369,398	374,307	1.3
	소계	4,421,928	4,599,723	4.0
물리보안 관련 서비스	출동보안서비스	1,726,210	1,727,972	0.1
	영상보안서비스	401,777	415,647	3.5
	기타보안서비스	485,004	536,208	10.6
	소계	2,612,990	2,679,827	2.6
합계		7,034,918	7,279,550	3.5

정보보호 기술은 안전하고 믿을 수 있는 ICT 환경을 제공하는 핵심 기술로서 공공, 금융, 의료, 서비스 등 모든 산업의 신뢰성과 안정성을 강화하여 산업 경쟁력을 향상시키고 더 나아가 사이버 테러 등의 위협으로부터 국가의 안전을 지킬 수 있는 중요한 기술이다. 빅데이터, 블록체인, AI, 모바일 시대에 보안에 대한 위협은 점점 더 커지고 있으며 안정성과 신뢰성, 호환성을 달성하기 위해서는 공통 기반이 되는 암호기술부터 네트워크, 디바이스, 서비스에 이르는 각 기술 요소별 보안을 위한 표준이 요구된다.

국내외에서는 각각 현재 발생하는 바이러스, 웜뿐만 아니라 신종 또는 변형 위협들에 관한 보안 정보를 공유하고 신속하게 대응하기 위한 체계를 갖추어 왔다. 그러나 정부 기관, 금융, 기업, ISP 등 공공의 인터넷 환경에서 다양한 보안 정보를 효율적으로 관리하는 데 절차, 소요 비용, 정책 적용, 사고 대응 및 협력의 한계 등 많은 문제를 안고 있다. 보통 보안 관리자들은 인터넷에 널리 퍼져 있는 많은 토론 포럼들을 통해 취약점, 바이러스, 웜, 악성 봇넷 등의 보안 정보들을 접하고 있지만, 이러한 사이버 공격들은 매우 빠르게 수초 내에 전 네트워크에 퍼질 수 있기 때문에 통상적인 방법으로는 악성 행위가 전파되고 엄청난 재정적 피해를 감당할 수 없게 된다. 이러한 전사적인 대응의 어려움을 극복하기 위해 국내에서는 국가사이버안전센터, 정부 보안정보공유분석센터, 인터넷침해사고대응지원센터 등을 통해 네트워크와 시스템의 안전에 대한 근본적인 대책을 수립하게 되었고, 국외에서는 미국의 CERT/CC, MITRE, CVE/CWE, OSVDB 등의 오픈 프로젝트, 유럽 회원국들의 ENISA를 통해 사이버 공격, 취약성, 위협 등에 대한 정보를 공유하는 체계를 구축해 가고 있다. 이와 같이 네트워크 기반 기술의 발전과 함께 국내외 공공 인터넷 환경에서 다양한 보안 정보들을 상호 공유하고 관리하여 사이버 보안 위협들에 대해 빠르게 대응하기 위한 전 세계적인 공유 체계가 더욱 필요하게 되었다. 또한, 이러한 보안 정보들을 상호 공유하기 위한 기술의 표준에 대한 필요성이 대두되어 국내외에서 관련 표준화 활동이 추진되고 있다. 기술을 표준으로 구체화하는 주체로서 표준화 기구는 공식 표준화 기구와 사실 표준화 기구로 분류된다. 공식 표준화 기구는 기술 분야 전반을 대상으로 하며, 상대적으로 충분한 협의를 거치는 표준 제정 절차이다. 개방된 회원 제도 등을 바탕으로 공신력을 인정받으나, 표준 개발 기간이 약 2~4년 소요된다. 기구 형태는 국제 표준화 기구, 지역 표준화 기구, 국가별 표준화 기구 형태로 운영된다. 사실 표준화 기구는 특정 기술 분야에 한정되며 이해관계가 있는 기업 및 개인이 시장의 필요 또는 연구 목적으로 연합하여 생성된다. 표준 개발 기간은 12개월 이내로 상대적으로 빠르게 진행되며 기구 형태는 포럼이나 컨소시엄 형태로 운영된다. 이 외에 표준화 기구 없이 기업 등이 시장 경쟁을 통해 자발적으로 획득한 시장 표준이 존재하는데 Microsoft社의 Windows 운영체제나 Intel社의 CPU 등이 그 예이다. 정보보호에 관련된 국내 표준 및 국가표준은 한국정보통신기술협회(TTA)를 중심으로 표준화가 진행된다. TTA에서는 산·학·연이 참여하여 암호·인증, 개인정보보호, 사이버보안, 응용·평가, 생체인식 분야에 대한 다양한 금융 및 정보보호 관련 국내 표준을 개발하였다. 금융 IT 분야 관련하여 TT 중심으로 금융보안원과 한국은행이 표준화 활동을 수행하는데 금융보안원의 경우 금융보안 전담 기구로서 금융 분야와 관련된 정보보호 표준화 활동을 수행하며, 한국은행은 금융정보화추진협의회를 통해 금융정보화 표준화 활동을 수행한다. 이 외 TTA 중심으로 KISA, 국가보안기술연구소, 대학 등에서는 다양한 보안기술 표준을 개발하고 있다. 대표적 정보보호기술 중 블록체인과 암호기술에 대한 표준화 동향을 살펴보면, 블록체인 및 분산원장으로 블록체인은 거래 내역이 저장된 장부(ledger)를 거래에 참여한 모든 구성원에게 분산(distribute)하여 저장하는 기술이다. 거래 내역을 은행과 같이 한 장소에서 저장하는 방식이 아닌 블록체인 이용자 모두에게 분산시켜 저장하는 탈중앙화 방식인 만큼, 데이터 보호 비용을 줄일 수 있고, 위변조 위험도 적다. 블록은 일정 기간의 거래 내역뿐만 아니라 직전에 생성된 블록을 암호화한 결과도 동시에 저장한다. 과거, 현재 및 미래 블록이 유기적으로 엮여 저장되는 특징을 사슬(chain)로 비유한 것이다. 블록체인이 길어질수록, 즉 연결된 블록의 개수가 늘어날수록 위변조의 어려움이 커지고 보안성도 강화된다. 블록체인 및 분산원장 기술의 잠재적 활용 가능성은 무궁무진하다. 금융, 핀테크뿐만 아니라 공공 및 보안 분야 등 산업 전반으로 확대되고 있다. 일례로, 부동산 관리, 전자 투표, 기록물 관리, 디지털 계약 및 규제 감시 등에 활용할 수 있고, 소셜미디어, 사물인터넷, 헬스케어, 저작권 보호 및 전자상거래 등 다양한 산업 응용 분야와 접목 가능하다. 나아가 디지털 콘텐츠 관리 및 음원 유통, 중고제품 및 미술품 거래에도 활용할 수 있다. ISO/TC 307 (Blockchain and distributed ledger technologies)은 2016년 9월 설립되었고, 전 세계에서 가장 활발히 블록체인 및 분산원장 기술 국제 표준을 개발하는 국제표준화기구의 기술위원회이다. ISO/TC 307은 블록체인 이슈를 분야별로 집중적으로 다루기 위해 현재 4개의 작업반 및 2개의 연구반이 결성되어 있다. 특히, 최근 제4차 정례회의에서는 블록체인 거버넌스 표준 개발을 목표로 하는 작업반을 설립하기로 결의한 바 있다. ITU-T는 현재 여러 연구반(SG) 및 포커스 그룹(FG)에서 블록체인 및 분산원장 기술 표준화를 수행한다. ITU-T 연구반은 표준화 아이템 발굴 및 권고 개발이 모두 가능하나 포커스 그룹의 경우 권고 개발은 불가능하고, 대신 권고 개발에 앞서 보다 다양한 이해관계자들과 권고 개발의 타당성을 검증한다. 이에 각 연구반 및 포커스 그룹은 작업 소관에 따라 블록체인 및 분산원장 기술을 여러 관점에서 접근하고 있다. 상기 국제 공적표준화기구 외에도 W3C에서도 다양한 표준 전문가들이 웹페이먼트, 블록체인 및 분산원장 기술 관련 웹표준을 개발하고 있다. 대표적인 예로, W3C의 웹페이먼트 작업반(Web Payment Working Group)에서는 페이먼트 리퀘스트(Payment Request) API, 페이먼트 메소드 (Payment Method) IDs 등 다양한 웹표준을 개발 중인데, 구글, 마이크로소프트, 모질라, 페이스북, 알리바바 등 글로벌 ICT 기업의 전문가들이 표준 에디터로 적극적으로 참여하고 있다. 또한, 인터렛저 페이먼트 커뮤니티 그룹

(Interledger Payments Community Group) 및 블록체인 커뮤니티 그룹(Blockchain Community Group) 등에서도 웹기반으로 블록체인 및 분산원장 기술을 구현하는 데 관심을 보이고 작업 중이나 대부분의 웹표준 개발 작업은 상기 웹 페이먼트 작업반에서 이뤄지고 있다. 블록체인 및 분산원장 기술의 국제 표준화 작업은 이제 막 시작되었다고 할 수 있다. 신기술이 신뢰감 있게 안정적으로 전 세계에 확산되기 위해서는 표준화가 필수적이므로, 블록체인의 보급 및 생태계 발전을 위해서도 블록체인 표준화가 시급한 실정이다. 고대로부터 우리 생활의 안전과 매우 밀접한 관계가 있었던 암호기술은 현대에 들어서는 해독기술의 발전 및 요구조건의 고도화로, 안전하면서도 성능이 좋은 암호기술의 개발은 매우 어렵고 도전적인 과제가 되었다. 그뿐만 아니라, ICT 및 정보보안 시장이 글로벌화됨에 따라 암호기술에 대한 국제 표준화의 필요성도 증가하고 있다. 현재 연구/개발 및 표준화가 가장 활발한 암호기술 분야는 미국 국립표준기술연구소(NIST)가 공모사업을 진행하고 있는 양자컴퓨팅에 안전한 공개키 암호, 도청에 대한 완벽한 물리적 안전성 제공이 가능한 양자키 분배 기술과 초연결 시대에서 요구되고 있는 경량 암호기술이다. 현재 가장 널리 사용되는 공개키 암호로는 RSA(Rivest-Shamir-Adleman, 1977), ECC(Elliptic Curve Cryptography, 타원곡선암호, 1985)를 들 수 있다. 이들은 소인수 분해 또는 이산 로그 문제라는 수학적 난제에 안전성의 기반을 두고 있다. 하지만 양자컴퓨터가 개발되면 소인수 분해 및 이산 로그 문제는 다항식 시간 내에 해결이 가능해 현 공개키 암호들이 더 이상 안전하지 않게 된다. 이러한 이유로 양자컴퓨터에 안전한 수학적 난제 및 이를 이용한 공개키 암호의 개발이 활발하게 진행되고 있으며, 이를 표준화하기 위한 작업도 동반되고 있다. 앞서 언급한 양자컴퓨팅에 안전한 공

개키 암호는 양자내성 암호(PQC: Post Quantum Cryptography)로 부르고 있다. PQC에 대한 구체적 논의는 2006년 PQCrypto 학회가 시작되면서 본격화 되었다. 하지만 기술 개발은 1970년대 후반 부호기반 공개키 암호 McEliece 및 해시함수 기반 Lamport, Merkle 전자서명, 2000년대 초 격자기반 공개 키 암호 NTRU 등 이미 오래전부터 연구/개발되고 있었다. 현재도 연구/ 개발이 매우 활발하며, 최근에는 PQC의 구현 테스트도 다방면으로 이루 어지고 있다. NIST 공모사업과 더불어 국제표준화 기구인 ISO(International Organization for Standardization)/IEC(International Electrotechnical Commission) 도 PQC에 대한 지속적인 논의를 하고 있다. JTC 1/SC 27/WG 2에서는 다양한 PQC 알고리즘에 대한 조사 및 표준화 준비를 위해 공개 기술 문서 인 standing document를 작성 중이다. 최근 회의에서는 기술 현황에 대한 기술발표를 진행하고 있으며, 본격적인 표준화는 NIST 공모사업이 완료 된 후에 진행될 것으로 예상된다. 다만, PQC 기술 중 개발 후 충분한 검증 기간을 가졌던 해시함수 기반 전자 서명에 대해서는 우선적인 표준화가 진 행될 예정이다. PQC 개발 및 표준화의 가장 큰 숙제는 "양자컴퓨터에 대 한 안전성을 어떻게 검증하는가?"이다. 아직 고성능의 양자컴퓨터가 개발 되지 않았기 때문에 PQC의 안전성 기반이 되는 수학적 난제들을 해결할 수 있는 양자 알고리즘을 비롯하여 양자 인공지능을 이용한 문제 해결 방 법 등에 더 많은 연구와 시간이 필요하다. 결과에 따라 PQC 알고리즘 개발 은 변화의 여지가 남아 있으며, 보안에 적용하기 위한 규격 완성 및 표준화 등도 상당기간이 소요되고 많은 변화를 동반할 것으로 예상된다. 양자키 분 배는 에너지의 최소 단위인 양자(量子, Quantum)를 이용하여 암호키를 전달 하는 기술이다. 이 기술의 특징은 기존 공개키 암호나 PQC와 같이 수학적 난제에 기반을 두지 않고 불확정성의 원리(Uncertainty Principle), 복제 불가능 정리(No Cloning Theorem) 등 양자물리학의 기본 가정에 기반을 두고 안전성을 보장한다는 것이다. 특히, 양자컴퓨터, 슈퍼컴퓨터 등 컴퓨팅 능력이 발전되어도 안전성이 저하되지 않고, 컴퓨터를 활용한 문제 해결 알고리즘 능력의 발전과도 무관하여 장기간 사용하여도 안전성이 저하되지 않는 장점을 가지고 있다. 양자키 분배 표준화에 대한 검토를 앞서서 진행한 곳은 유럽 표준협회인 ETSI(European Telecommunications Standards Institute, 유럽전기통신표준협회)이다. ETSI는 양자 키 분배 위원회를 두고 있으며, 7개의 GS(Group Specification)와 2개의 GR(Group Report)을 출판하고 갱신하고 있다. 국내에서는 TTA에서 표준화를 진행하고 있는데, 통신망 기술위원회(TC2)에서는 ETSI 문서 도입 표준을, 정보보호 기술위원회(TC5)에서는 국가 공공 도입에 필요한 프로토콜 규격과 보안 요구사항을 독자적으로 개발하고 있다. ISO/IEC에서는 중국이 표준화 추진에 앞장서고 있다. 암호 키 분배 관련 표준은 TTA 표준에서처럼 크게 두 가지로 분류된다. 프로토콜 동작 규격을 정하는 암호 알고리즘과 이를 암호 모듈에서 안전하게 운용하기 위한 보안 요구사항(또는 평가기준)으로 나뉜다. 일반적인 표준화 절차는 암호 프로토콜(알고리즘) 표준화가 선행된다. 그러나 ISO/IEC의 암호 알고리즘 표준화 그룹에서는 이를 지지하고 있지 않아서, 중국 등은 규격이 명시되지 않은 평가 기준 표준화만을 추진하고 있다. 2017년 가을 독일 회의에서 표준화 추진이 제안되었고, 2019년 봄 이스라엘 회의에서 정식 표준화 과제로 채택되었다. 한편, ITU-T에서는 양자키 분배 활용 및 양자난수발생기 구조에 대한 다양한 표준화를 SG13과 SG17에서 진행하고 있다. ITU-T의 국제표준화는 KT(SG13) 및 SKT(SG17)가 문서개발 주관을 맡아

표준화 활동을 주도하고 있다. ISO/IEC 표준화는 프로토콜을 특정하지 않는 평가방법을 대상으로 하고 있어 보안성 검토에 한계가 있을 것으로 보이며, ITU-T 표준화는 다양한 의견 제기 단계이다. 암호키 분배는 암호시스템에 있어서 핵심적인 안전성을 제공하는 요소이므로, 충분한 검토 및 객관적 신뢰성 확보가 필요한 부분이다. 암호키 분배의 취약점은 정보시스템 전체 붕괴로 연결될 수도 있기 때문에, 암호를 주도하고 있는 미국 등에서 양자키 분배의 표준화에 신중을 기하고 있다. 초연결 시대가 도래하면서 데이터를 더 작은 기기에서 더 빠르게 암호화해야 할 필요성이 대두되고 있다. ISO/IEC에서는 제법 오래전부터 경량 암호를 하나의 분야로 지정하여 표준화하고 있다. 경량 암호 표준은 다양한 부분으로 나뉘어 있는데 가장 논의가 치열하고 기술 집약적인 부분이 블록암호 분야이다. 기존 표준으로는 유럽의 PRESENT와 일본의 CLEFIA가 있는데 활용도는 크지 않다. 이 분야의 가장 큰 변화는 미국 NSA(National Security Agency, 미국 국가안보국)가 2013년 두 개의 경량 블록암호 SIMON/SPECK[5]을 발표하면서 이루어졌다. 특히, SIMON/SPECK은 기존 어떤 블록암호들보다 우수한 경량성을 보유하고 있을 뿐만 아니라, NSA가 처음으로 공개적으로 개발한 암호 알고리즘이어서 많은 관심을 받았다. 미국은 2016년 두 암호를 ISO/IEC 암호기술 그룹에 제출하였다. 그러나 2013년 스노든의 폭로로 밝혀진 백도어의 여파가 거셌다. 기존에는 미국이 제안한 암호들은 쉽게 ISO/IEC 표준으로 채택되는 분위기였는데, NSA에서 제안한 난수발생기 표준에 백도어 삽입 의혹이 발표되면서 분위기가 반전되었다. 미국이 이에 대해 해명을 하였음에도 불구하고 2018년 봄 중국 회의에서 표준화 추진 취소 절차가 시작되었다. 그 후 국가 단위 투표를 통해 2018년 8월 최종적으로 표준화 추진 취소가 확정되었다. 국내에서는 IoT 환경에 적합한 암호화 기술 확보를 목적으로 2014년에 개발된 고속 경량 블록암호 LEA(Lightweight Encryption Algorithm)[7]를 2016년 미국에 이어 경량 블록암호 표준으로 제안하였다. LEA와 SIMON/SPECK은 유사한 구조를 가지고 있으며, 모두 IoT 환경에서 우수한 성능을 가지고 있다. 하지만 LEA의 경우 안전한 설계로 인한 견고한 안전성, AES 개발 기관이자 유럽에서 암호 관련 R&D를 선도하고 있는 벨기에 루벤 대학 등 제3자에 의한 객관적 안전성 평가, 철저한 표준화 준비로 큰 이견 없이 2019년 말 ISO/IEC 경량 블록암호 표준으로 제정되었다. 정리하자면, 양자컴퓨터의 위협에 대응하기 위해 양자컴퓨팅에 취약한 기존 공개키 암호를 PQC로 대체하기 위한 개발 및 표준화가 활발히 진행 중이다. 하지만 아직 양자 알고리즘에 대한 이해가 부족하여 앞으로 개발 및 안정화에 많은 시간이 걸릴 것으로 예상되며, 많은 변화를 동반할 것으로 예상된다. 양자적 특성을 이용한 양자키 분배에 대한 표준화도 꾸준히 진행 중이다. 비록 키분배라는 한정적인 기능밖에 제공하지 못하지만, 물리적으로 완벽히 안전한 키분배를 달성할 수 있기에 많은 관심을 받고 있다. 하지만 아직 키분배 가능 거리, 구현 과정에서 발생할 수 있는 각종 오류 및 공격에 대한 연구가 더 필요하다. 마지막으로 초연결 시대에 필요한 경량 암호 역시 표준화가 활발히 진행 중이다. 특히, 암호화에 가장 기본이 되는 블록암호 분야의 연구 및 표준화에 많은 역량이 집중되고 있다. 우리나라는 체계적인 준비과정을 거쳐 국내 개발 경량 고속 블록암호 LEA를 ISO/IEC 국제 표준으로 추진 중에

있으며, 경량 블록암호 표준으로 등록이 된 상태이다. 따라서, 메타버스 세상이 도래함에 따라 우리나라가 주도적으로 정보보호기술 표준화를

Rule-making 할 경우에 예상되는 기대효과로는 역기능(Side-effect)에 효과적인 대응을 들 수 있다. 최근의 사이버 공격은 시스템 및 네트워크의 취약점 등을 통해 급속하게 전파되는 형태를 띠고 있다. 또한, 이러한 공격들은 상호 결합되어 그 확산 정도나 파괴력은 점점 증가하여 피해 사례와 피해 규모도 커지고 있는 추세이다. 이와 같이 가까운 시일 내에 취약점에 대한 패치가 발표되기 전에 공격이 이루어지는 제로데이 공격을 포함한 수많은 사이버 공격에 대한 적극적인 대응이 필요하게 되었고, 다양한 대응 기술과 함께 사이버 공격에 대한 전 세계적인 정보공유 체계와 그 표준화의 필요성이 대두되게 되었다. 전 세계 인터넷 환경에서 복합적이고 급속도로 증가하고 있는 다양한 사이버 공격에 관한 보안 정보들을 공유하고 체계적으로 신속하게 대응하기 위한 기술 개발 및 연구 동향과 관련 표준화 활동을 통해 국가 간의 공조체계를 확고히 하고, 향후 발생하는 이머징 가상공간에서의 사이버 공격을 사전에 신속하게 대응하면 국가, 기관, 기업, 개인 등의 피해를 최소화하는 데 기여할 수 있을 것으로 기대가 되며, 선도적인 표준화를 통해 신사업을 활성화할 수 있는 세로운 계기가 될 수 있다고 판단된다.

IV

메타버스 활용 방향 및
적용 사례

1. 메타버스 기술의 군사적인 활용

1) 가상현실이란?

최근 코로나19로 인한 사회적 거리두기 4단계로 거의 대면은 어려운 상황이 되고 점점 인간관계는 멀어지는 사회적인 현상에 대한 해결 방안은 없을까? 고민하는 사람들이 증대되고 있다. 가상현실이 현실세계를 대체해 주고 안전하게 사회적인 문제를 해결할 방안은 없는 것일까? 그 기술들은 무엇일까? 어떻게 구현하면 해결될 수 있을까?

[그림 52] 가상현실 기술들은 무엇인가?

첫 번째로 궁금한 용어는 VR/AR/MR/XR은 무엇이지? 가상현실/증강현실/혼합현실/확장현실로 직역되는데… 도저히 전문가들이 아니면 감이 안 잡히는 전문용어들인지라 현실세계 속에서 살아가는 우리들은 혼란만 가중되어 온다고 생각된다. [그림 53]을 이용하여 쉽게 전문 용어에 대한 정립을 시키고자 한다.

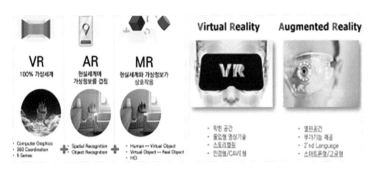

[그림 53] 가상현실 기술들은 어떤 것인가?

그러면 메타버스 관련 용어들을 정리를 해 보면,

메타버스 관련 용어

증강현실 (AR · Augmented Reality)	가상현실 (VR · Virtual Reality)	혼합현실 (MR · Mixed Reality)	확장현실 (XR · eXtended Reality)	메타버스 (Metaverse · Meta+Universe)
실제 공간 위에 가상의 정보를 겹쳐 보여주는 것	실제와 비슷하게 만들어진 가상 공간	증강현실과 가상현실의 접목	혼합현실과 함께 미래 신기술까지 포함	확장현실이 사용되는 초연결·초실감 디지털 세계

관련 움직임

✔ 통신기술   달리는 지하철에서 XR 이용 가능한 통신기술 개발   한국전자통신연구원
✔ 콘텐츠   버라이즌 등 전 세계 이동통신사들과 'XR 동맹' 구축   LG유플러스
✔ 정부지원   'XR 확산 프로젝트'에 450억원 정부 지원   과기정통부

[그림 54] 메타버스 관련 용어 정리*

---

* 한국–영국 메타버스 협력 세미나 맨체스터대학교 정형수 석좌교수 발표 자료 중 일부 참조함

그중에 최근 XR(Extended Reality, 확장현실)이란 용어가 등장하면서 인간에게 전달되는 정보에 대한 전달체로서 감각기술의 발전은 메타버스(Metaverse) 구현에 청신호가 되고 있고 메타버스에 대한 관심도 MZ세대로부터 전 연령층으로 확산하고 있다. 미국의 로블록스에서 국내 메타버스로 관심도가 전파되고 있다. 최근에는 약 2억 명의 유저를 가진 네이버 X의 제페토 등 메타버스 플랫폼 시장이 크게 확장되고 있다.

왜 메타버스에 관심이 높아지고 주목을 받는 계기는 무엇들이 있을까? 주요 전문가들의 견해를 정리해 보면 그중에서 팬데믹(Pandemic) 코로나19와 더불어 폭발적인 성장을 이어나가는 SNS(소셜커뮤니티)에서 나오는 잠재력이 표출되고 있고 현실과 가상을 넘나드는 새로운 디지털 영토에 대한 가능성과 그리고 블록체인(가상화폐/자산) 등 4차 산업혁명의 신기술과의 융합을 통한 가상시장(Virtual market)의 상장 가능성이 높아지고 있다고 보는 의견들이 많이 있다. 또한 신메타버스 경제에 대한 가능성들이 구현되면서 현실과 가상을 넘나드는 창의적인 창작자들의 새로운 신개념 플랫폼이 생겨나면서 욕구 충족이 되고, 특히 주식시장에서 주목이 높아지면서 돌풍을 일으키는 계기가 되었다는 의견들이 있었다.

최근 사회 전 분야에서 가장 주목하는 키워드는 단연코 메타버스이다. 디지털 가상공간인 메타버스는 이미 차세대 컴퓨팅 플랫폼으로 관심을 끌며, 트렌드를 넘어 디지털 대전환의 선봉에 서 있다. 물리적 공간의 한계를 초월하고, 2D에서는 구현할 수 없었던 경험들을 가능하게 하는 '무한성'이 새로운 성장 동력으로 인식되기 때문이다.

여기서 등장하는 아바타는 무슨 의미일까?

[그림 55] 가상현실 장치들은 어떤 것들이 있을까?

아바타(Avatar)*는 인터넷에서 가상현실 게임이나 채팅 등을 즐길 때 사용자를 대신하는 그래픽 아이콘을 지칭하는 의미로 영어식 발음인 아바타로 쓰이게 되었다. 이런 사회 분위기를 더욱 가열시키는 것은 메타버스를 구현하는 기술, XR(Extended Reality, 확장현실)의 급성장세다. XR은 범용기술로서 교육, 제조, 의료 등의 주요 산업과 융합하여 새로운 산업 생태계를 구축하고, 산업고도화의 핵심 수단으로 여겨지고 있다.

또한 코로나19로 인해 비대면 기술에 대한 수요가 지속돼 국내외 확장현실(XR) 시장의 성장은 앞으로도 지속될 것으로 보인다.

2) 국방 교육훈련 분야 활용 방안

위와 같이 다양한 의견들을 종합해 보고 여러 전문가들의 좋은 제안들을 참조하여 보았다. 필자가 그동안 미래 국방전략들을 연구한 경험에서 본격

---

* 아바타(Avatar): 고대 인도아리아어인 산스크리트로 '하강'이라는 뜻의 '아바타_Avatara'는 힌두교에서 세상의 특정한 죄악을 물리치기 위해 신이 인간이나 동물의 형상으로 나타나는 것이었다.

화되고 있는 메타버스에 대한 주요 이슈들을 전망해 보고 국방 분야에 우선 적용 가능성을 타진해 보고자 한다.

여러 가지 다양한 이슈들이 있지만 우선은 메타버스의 적용 범위가 게임, 생활소통(Life Communication) 등의 서비스를 넘어 플랫폼으로 확대되고 있다는 것에 주목할 필요가 있다. 이미 다수의 메타버스 WORK 플랫폼들이 존재하고 코로나19로 전 세계 거의 모든 산업과 경제, 사회 구조가 팬데믹으로 인해 비대면 언택트 시대가 도래되었고 문화적이고 사회적인 충격이 녹아들면서 현실상에 어울리게 급성장을 하고 있다는 사실이다. 혁신적인 플랫폼이 지속적으로 개발되고 지속적으로 발전할 것이다. 또한, 기존 Game과 생활 메타버스 플랫폼 제작에 활용되었던 게임 엔진이 전 산업과 사회 분야로 확산되며 메타버스의 영향력이 확대되는 추세이다. 그러면서 자연스럽게 메타버스 관련 기기들 중에 가장 먼저 VR*/HMD가 확대되고 있다. 기존의 메타버스 경험을 지원하는 PC, 모바일, VR을 통해 이루어지고 있으며 최근 메타버스 콘텐츠들은 가상공간에서 직접 만든 다양한 객체를 통해 공감각적 체험과 M&S(모델링&시뮬레이션)**가 가능하고 AR Glass 등 메타버스 경험을 지원하는 핵심기기들이 재고관리, 불량품 확인, 작업훈련 등 생산 운영관리 전반에 적용 가능하고, 특히 국방 분야에서 교육훈련 분야에서 교육훈련 각각의 대상들에 대한 역할 수행 등에 우선적으로 적용이 가능하다고 보고 있다.

---

* VR(Virtual Reality, 100% 가상세계) / AR(Augmented Reality, 현실세계에 가상정보를 겹침)

** M&S(Modeling & Simulation, 시스템, 개체, 현상 또는 절차의 물리적·수학적·논리적 표현 과정을 의미하는 모델링과 모델로 표현되는 모델링의 결과를 실체와 동일 또는 유사하게 시간에 따른 변화로 표현하는 방법인 시뮬레이션의 합성어)

[그림 56] 메타버스 기반 C4ISR 체계 적용

이와 같이 전 산업 분야에 가치사슬별 메타버스 환경을 활용한 생산성 혁신 방안들을 군에 적용한다면 국방개혁 2.0 조기 달성에 기여하는 국방 메타버스 WORK 플랫폼을 구축할 수 있다. 선진국 적용 사례들을 알아보면, 미 국방 분야에 선두기업인 록히드 마틴은 2024년을 목표로 추진 중인 NASA의 달 착륙 마르테미스 프로젝트 임무를 수행할 유인 우주선 조립에 AR Glass 홀로렌즈2를 사용 중이며, 이로 인해 작업에 투입되는 시간과 비용을 절감하고 있고, 월마트는 사내 교육 시 VR을 활용하여 기존 방식보다 교육시간을 80% 단축한 사례들을 감안하여 우리 군에서도 프로젝트 임무 수행 또는 각종 교육훈련 분야에 적용함으로써 상당한 효과를 달성할 수 있다고 본다.

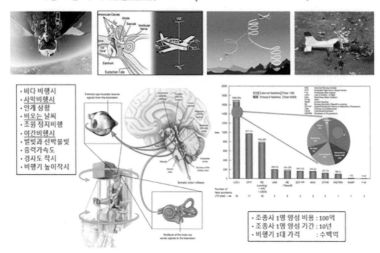

・ 비행조종사의 <u>비행착각</u>(SD : Spatial disorientation)

・바다 비행시
・사막비행시
・안개 상황
・비오는 날씨
・조원 정지비행
・야간비행시
・별빛과 선박불빛
・중력가속도
・경사도 작시
・비행기 높이작시

・조종사 1명 양성 비용 : 100억
・조종사 1명 양성 기간 : 10년
・비행기 1대 가격   : 수백억

[그림 57] 메타버스 기반 교육훈련 적용 사례

다양한 메타버스 서비스가 확산되면 Digital Human 활용이 증가할 것이다. 예전에는 Digital Human 제작에 많은 비용과 시간, 전문기술이 필요했지만, 최근 AI, Cloud, CG 등 비약적인 기술 발전으로 인해 활용성이 높아지면서 교육, 방송, 엔터테인먼트 등 전 산업에 확대되고 있다. 또한 메타버스 플랫폼들이 지식재산권 사업자와 협력 관계를 구축하면서 급속히 확산 중이다. 그러면서 대체 불가능한 토큰(NFT: Non-Fungible Token)을 적용하며 사용자 창작 콘텐츠의 소유권과 희소성 부여가 가능하다.

상기 내용들을 조망해 보면, '놀라운 미래(Surprising Future)'를 대비한 메타버스 전환(Metaverse Transformation) 전략에 국방 분야도 대비해야 할 것이다.

메타버스가 군에 적용 시 가져올 변화의 폭과 깊이가 매우 크고 메타버스 안에서 지내는 시간이 급속하게 증대될 전망이다.

[그림 58] 메타버스 기반 종합대응체계 적용

앞에서 언급한 것 중에 국방 분야에서 가장 우선적으로 적용 가능한 분야가 교육훈련 분야에 활용이 가능하다고 언급한 것은 이미 우리 군은 국내 과학화전투훈련체계(KCTC)*를 1998년 사업단을 창설하여 2003년부터 약 78개 중대 약 9,000여 명을 전투훈련을 시키고 2005년도에는 대대급 전투훈련(163개 대대 약 13만여 명)을 전투훈련 시키고 2018년부터는 여단(연대)급 전투훈련을 시행하고 있다. 최근 메타버스의 등장으로 더욱더 가상훈련

---

* 육군과학화전투훈련체계(KCTC: Korea Combat Training Center)는 훈련부대가 전쟁터에 있는 것 같은 훈련을 제공하는 시스템을 말한다. KCTC 훈련장은 적 임무를 수행하는 전문 대항군과 훈련부대가 마일즈, 무선데이터통신망 등 각종 과학적 IT기법을 활용, 실제 전투상황과 가장 유사한 전장 환경에서 실시간 교전을 할 수 있다. 모든 훈련 진행은 원격으로 제어되고 각종 훈련결과가 자동으로 분석돼 훈련부대가 실전에 가까운 전투경험을 체득할 수 있어 군 전투력 향상에 결정적인 역할을 하는 획기적인 훈련이다. 임무는 여단급(연대전투단) 전투훈련 준비 및 통제 전투훈련 개념발전, 개발시험 · 운용시험 평가 및 군 구조 관련 전투실험 지원, 전투발전 소요 도출

체계가 확장되고 게임플랫폼 구축이 가능해지면서 군에서도 2030년대 중반까지 단계적으로 혁신하는 방안을 추진하기로 한다.

[그림 59] KCTC 전투훈련 참가 중인 장병들 모습

그런 차원에서 우리 군에서도 KCTC에 메타버스 기반의 게임플랫폼, 가상현실(VR), 빅데이터, 햅틱 등의 4차 산업혁명 기술을 적용하고 모의교전용 장병 착용장비인 "마일즈(MILES)"를 2세대에서 3세대로 발전시킬 중장기 계획을 추진한다고 한다. 필자는 2006년 군문을 떠났지만 현재까지도 국방 분야와 연관된 연구과제와 연구용역들을 다수 수행하였고 대학에서도 연구과제들을 수행 중에 있다. 그중에서도 2016년도 국방대학교 국가안전보장문제연구소 연구용역으로 미래전을 대비한 국방정보체계 발전 방안을 집필하였다. 필자가 군 재직 중에 LVC* 필요성을 2000년대 초부터 육군대

---

* LVC(Live Virtual Constructive)
  (L): 훈련보조물, 보조장비, 시뮬레이터, 모의장비로 보강된 전술장비와 실전과 유사한 상황을 조성하기 위한 전술교전 모의기를 활용하여 야외에서 실시하는 훈련
  (V): 전술무기체계 및 장비와 근접한 특성을 모사해 주는 시뮬레이터를 활용하여 실전장과 유사한 환경하에서 실시하는 훈련
  (C): 워게임과 모의기법을 활용하여 소대에서 군단급 이상 제대까지의 지휘관 및 참모 기능을 숙달하

학 전투지휘훈련 교관을 수행하면서 교육훈련 발전개념에 LVC 체계를 미래 군 교육훈련체계에 적용하는 발전 방안을 강의하고, "창조21" 워게임 전투지휘훈련 교관으로 쌓은 전술/작전적인 노하우와 경험하에서 얻은 결론이기에 제안하는 것이다.

[그림 60] 가상훈련체계를 도입한 미군 NTC 훈련체계

지금 군은 여러 가지 국내외 여건으로 인하여 어려워진 교육훈련 환경을 개선하기 위해서는 과감한 메타버스 교육훈련 플랫폼을 구축할 필요가 있다.

상기와 같이 미군은 가상훈련체계를 도입하여 다양한 전술/전략/작전 훈련/환경의 변화에 따른 제한사항을 극복하고 실기동 훈련 대비 비용 절감과 안전사고를 감소시키고 있기에 우리 군도 적극적인 가상훈련체계를 도입시킬 수 있다. 또한 각 군의 합동작전에 필수적인 전장 환경에 부합하도록 개별적인 교육훈련 체계들의 장점을 극대화하고 동시, 통합 훈련이 가능할 수 있다. 그리고 훈련에 따른 제한사항별 상호 보완이 되고 다양한 작전 형태

___
는 훈련

의 훈련들이 과학적인 분석/평가가 가능한 LVC 훈련체계를 도입하는 것이 최우선적인 과제가 되어야 한다.

[그림 61] 메타버스 기반 대응체계 활용 방안

메타버스 AI 기반으로 시시각각으로 발전하는 신기술 미래 무기체계에 대한 성능분석 및 테스트가 가능한 LVC 훈련체계가 구축된다면 국방 분야도 메타버스 시대에 부응하면서 새로운 기회 발굴이 가능하다고 본다. 국방부와 각 군 본부는 메타버스 적용에 대해서 다각적인 전략들을 수립하고 단계적으로 교육훈련 분야부터 적용하는 방안들을 수립하고 적용한다면 더욱더 강한 군대를 육성할 수 있는 길이 열릴 것이다. 그러므로 현존하는 북핵 등 비대칭 위협에 대한 체계적인 대응능력 구축이 가능해지고 젊은 장병들 육성을 통해 효과적으로 억제 대응하는 강한 안보가 가능할 수 있다고 본다.

즉 교육훈련만이 강한 군대를 유지하고 강력한 국방 통제력을 보유하면서 평화통일에 다가가는 지름길이라는 것을 필자는 군 생활을 통해서 얻은 결론이기에 본 지면을 통해서 다시 한번 어려운 환경에서 국가를 보위하고 국민들의 따뜻한 사랑을 받는 군으로서 대한민국 책임 국방 임무를 달성하기를 바라는 바이다.

[그림 62] 메타버스 기반 초융합체계 적용 방안

2. 메타버스 교육 플랫폼 실제 활용 사례

코로나바이러스 감염증이 전 세계를 강타한 이후 코로나19 팬데믹으로 인한 비대면 일상은 유아에서 초중고 대학과정에 이르기까지 온오프라인의 에듀테크의 필요성이 대두되었다.

우리의 일상생활 속에 있던 확장 가상세계 기술은 코로나19 팬데믹 (pandemic)이 불러온 언택트(untact) 상황에 상용화가 급속화되었다. 교육 현장도 예외가 아니다. 영유아 교육 현장에서는 효과적인 비대면 수업의 방안을 탐색하고 학부모와의 소통의 공간을 필요로 하는 시점에서 메타버스 기술은 비대면 수업의 질적인 제고의 방향과 영유아 학부모와의 소통의 장이 될 수 있을 것으로 보인다.

OCW(Open Course Ware), MOOC(Massive Open Online Course), 블렌디드 러닝(Blended Learning), 플립 러닝(Flipped Learning) 등에 대한 교수학습법에 관한 연구와 교사 교육으로 코로나 일상을 대비한 교사의 역량을 강화시켰다.

코로나 일상 시대의 진입은 비대면 서비스에 대한 수요를 확대하였으며, 현대인들이 가상의 공간에서의 만남을 익숙하게 만들었고, 일상의 전반에 걸쳐 플랫폼을 통한 온라인 문화가 빠르게 확산되도록 만들었다. 최근에는 코로나의 장기화로 인하여 과거 오프라인의 삶으로 완벽하게 돌아갈 수 없다는 것을 인지한 현대인들이 온라인(Online) 공간에서 오프라인(Offline)의 삶과 유사한 경험을 하고자 현실과 가상의 경계를 넘어 새로운 경험을 할 수 있는 메타버스가 각광받고 있다.

메타버스(Metaverse)는 가상공간 초월(meta)과 현실의 우주(Uuniverse)의 합성어로, '3차원 가상세계'를 뜻한다. 현실세계의 정치, 경제, 사회, 문화의 전반적인 측면에서 가상과 현실이 모두 공존할 수 있는 생활형, 게임형 가상세계라는 의미로 사용되고 있다. 메타버스 개념은 코로나19에 따른 비대면 교육수요의 새로운 대안을 요구하고 있으며, 영유아의 손유희, 체육수업, 실습형 온라인/오프라인 서비스 공간 및 솔루션을 요구하고 있다.

1) 메타버스 플랫폼의 선정: 게더타운(Gather town)

전 세계의 IT 스타트업 회사들은 최근 5년 사이에 메타버스 플랫폼은 다변화되었고, 플랫폼은 유사한 기능을 제공하고 있으나, 용도에 따라 특성화가 되어 있다. 한국의 네이버와 그 자회사 SNOW가 2018년에 론칭하여 청소년들에게는 이미 익숙한 ZEPETO나, 그에 앞서 스웨덴의 게임회사인 Mojang studios사에서 개발한 마인크래프트는 학습 활동의 목적보다는 오락의 용도로 설계되었고, 그러한 목적에 맞게 사용되고 있다. 기존의 수업 현장에서의 수업 기법을 언택트 시대에서도 현실감과 몰입감을 잃지 않고 구현하기 위한 플랫폼으로 게더타운(https://www.gather.town/)을 선정했다. 게더타운은 미국의 스타트업 회사인 Gather사가 2021년 4월에 론칭한 가상현실 메타버스 플랫폼이다.

회사 홈페이지에서 제시하고 있는 플랫폼 소개에 따르면 게더타운은 '현실의 물리적 제약을 메타버스를 통해 극복하는 것'을 목표로 '보다 인간적인 가상 상호작용을 위해 설계된 화상 채팅 플랫폼(https://www.gather.town/about)'이다.

게더타운은 현실의 공간과 비슷한 기능을 하는 공간을 자유롭게 설계하여 자연스러운 대화의 경험을 제공하는 데 적합한 플랫폼이다. 특히, 기존의 화상 회의 플랫폼(zoom, google meet)과 가장 큰 차이는 참여자가 자신의 아바타를 직접 움직여 교실 공간을 이동하고, 토론 활동에 참여할 수 있다는 점이다.

2) 해찬숲키즈 메타버스 플랫폼 게더타운(Gather town) 실제 사용 사례

게더타운의 가장 큰 차이점은 '아바타'의 사용과 교실 '플레이스'의 구현에 있다. 기존의 학부모와의 소통이 키즈노트의 서면으로 댓글 방식의 소통이거나 플랫폼에서 학생들은 발언의 기회를 얻어 마이크를 통해 발표하는 것, 채팅에 참여하는 것이 주된 수업 참여의 방법이었다. 게더타운은 여러 지도맵이 있으며 그중 어린이집과 가장 비슷한 규모로 건물과 주변의 공원 7,000평의 규모로 운동장과 개천이 가운데 흐르고 있고 건물 앞에 텃밭을 조성하여 실제 원의 모습과 유사하게 스페이스를 구현하였다.

[그림 63] 해찬숲키즈의 건물과 주변 모습

3층 규모의 600평 건물과 주변 7,000평의 산빛 공원과 하천, 운동장을 유사하게 게더타운 지도에 가상현실 세계를 구현하였다. 해찬숲키즈가 자리 잡고 있는 의왕시의 숲속마을은 풍력발전을 하는 바람의 언덕, 산빛 공원과 수생식물의 노을빛 공원, 아이들의 전용 축구장이 있는 두꺼비 공원, 반디 공원, 까치 공원과 의왕시에서 산새를 키우는 산새숲이 자리 잡고 있다.

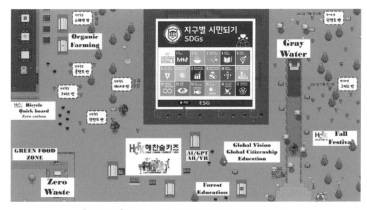

[그림 64] 해찬숲키즈와 유사한 게더타운의 모습

해찬숲키즈 아이들이 누리과정으로 진행하는 수업의 모습을 게더타운에 동일하게 건물 내에 반을 만들고 반 내부에 동영상을 제작하여 1학기의 모습을 게더타운 모니터에 담아 '학부모 간담회'의 자료로 사용하며, 아이들이 생생한 모습을 아바타로 건물 내부를 돌아다니며 재미있게 돌아보아 흥미에 따라 모니터오브젝트에 'X'를 눌러 살펴볼 수 있다.

[그림 65] 해찬숲키즈의 누리과정 활동 모습

해찬숲키즈의 누리과정의 활동을 5개 영역으로, 영아반은 6개 영역으로 놀이 수업으로 진행하며, 이를 반별로 동영상과 사진으로 게더타운 모니터와 사진첩에 담아 'X'를 누르고 들어가 학부모님들이 편안하게 살펴볼 수 있도록 하였다.

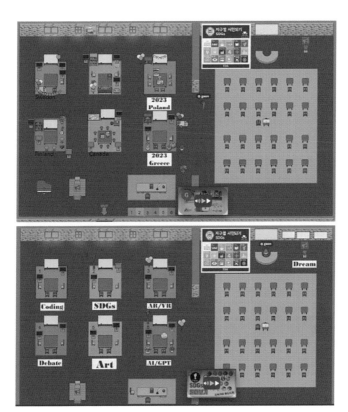

[그림 66] 게더타운 내에 해찬숲키즈의 반별 활동 동영상 모니터

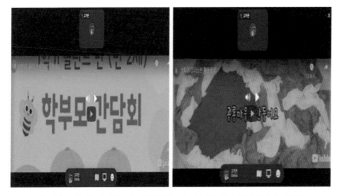

[그림 67] 게더타운 내에 해찬숲키즈의 동영상 및 간담회 자료

해찬숲키즈에서 하는 다양한 특별활동을 게더타운에 넣은 모습이다. 드론과 코딩, 과학, 영어, 체육, 음악 활동 등을 넣은 건물 내 모습이다. 모니터 오브젝트에 동일하게 'X'를 누르고, 사진이나 동영상, 링크된 사이트로 수업의 모습을 살펴볼 수 있다.

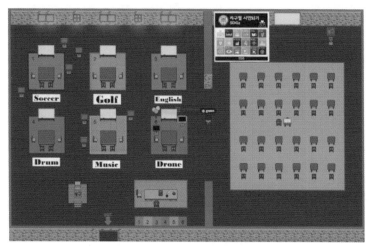

[그림 68] 해찬숲키즈의 특별활동 모습

해찬숲키즈에서 어학 활동은 '일만 시간의 법칙'으로 자연스러운 노출을 추구하고 있으며, 영어 시간뿐만 아니라 매일 오전 담임선생님이 영어 콘텐츠를 노출하고 있으며, 체육 활동 시간에도 영어로 놀이 수업을 함으로써 즐겁게 영어를 자연스럽게 녹여 내는 수업을 하고 있다. 이를 '축구 영어' 수업으로 놀이로 파트너십을 배울 수 있다. 이를 게더타운에 동일하게 구현했다.

[그림 69] 해찬숲키즈의 특별활동 모습(축구 영어)

해찬숲키즈에서는 아이들과 매년 텃밭 프로그램을 진행하고 있다.

글로벌 생태 감성 융합놀이교육 Global Ecology Emotion Fusion Play Education

해찬숲키즈의 지역 로컬 푸드 연계 활동

♥ 우리 지역 지역 농산물 살펴보는 로컬연계 활동 프로그램 내용 ♥

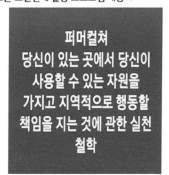

[그림 70] 해찬숲키즈의 텃밭 활동 모습

해찬숲키즈 원 앞에서 텃밭 활동을 하는 것을 동일하게 게더타운 공원에

만들고 사진과 동영상으로 아이들의 생생한 텃밭 활동 모습을 게더타운 공원에 담아내는 작업을 하였다.

[그림 71] 해찬숲키즈의 텃밭 활동 게더타운 모습

텃밭 활동 모습을 사진과 동영상으로 반별로 게시하여 학부모들이 아바타로 공원을 다니며 모니터에 'X'를 클릭하여 활동 모습을 볼 수 있다.

[그림 72] 해찬숲키즈의 텃밭 활동 게더타운 모습

학기 중 오프라인으로 진행하던 부모교육을 진행할 수 없어 부모교육자
료나 EBS 동영상을 아바타로 즐겁게 산책하는 기분으로 돌아다니면서 모
니터를 'X' 클릭하여 보실 수 있도록 준비했다. 네이버 카페나 키즈노트에
도 부모교육 자료를 올려 드리나 게더타운에서는 공간을 자유롭게 이동하
며 즐겁게 산책하듯이 자료들을 열어 살펴볼 수가 있어 즐겁게 어린이집의
모습을 살펴볼 수 있다.

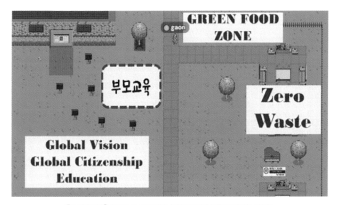

[그림 73] 해찬숲키즈의 부모교육 게더타운 모습

[그림 74] 해찬숲키즈의 부모교육 게더타운 동영상

코로나19로 학부모 참여 수업을 진행할 수 없어 아이들의 활동 모습을 어린이집 주변 산빛 공원에 게시하여 '해찬숲키즈 가을 전시회'를 열어 아이들의 활동 모습을, 작품을 공원에서 자유롭게 어머님들이 관람할 수 있도록 진행하고 인증사진을 찍어 참여를 독려했다.

[그림 75] 해찬숲키즈의 가을 전시회

어린이집 주변에서 오프라인으로 진행된 '해찬숲키즈 가을 전시회'를 게더타운의 온라인 공간에 동일하게 옮겨 사진과 동영상으로 첨부하여 참여하지 못했던 가족분들도 현실과 유사한 느낌으로 공원을 둘러보며, 전시회를 관람할 수 있도록 현실과 온라인 공간을 동일하게 만들어 학부모님들의 시간과 공간을 초월하여, 참여율을 높일 수 있었다.

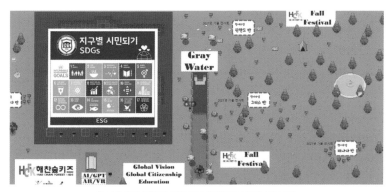

[그림 76] 해찬숲키즈의 게더타운 가을 전시회

[그림 77] 해찬숲키즈의 게더타운 가을 전시회 사진

아직 상용화되지 않은 게더타운을 사용하는 방법을 안내하기 위해 가정
통신문을 제작하여 키즈노트에 안내하고, '학부모 운영위원회'를 게더타운
에서 진행함으로써 학부모님과 운영위원회 회의를 하며, 게더타운을 산책
하며 아이들의 활동 모습을 함께 살펴보고 생동감 있게 이야기를 나눌 수
있었다. 학부모님들도 낯설지만 즐겁게 참여하여, 신기해하기도 하시고 새
로운 안건을 제시하기도 하시며, 제페토와 미네르바 대학 등의 여러 내용을
이야기 나누며, 소통과 대화의 장으로 활용하였다. 기관의 변화를 가정과
연계하여 진행하며 아직 낯설어하시는 학부모님들도 계셨지만 반대로 이에

대한 호기심과 '학부모 정보화 교육'을 원하시는 학부모님들도 계셔서 코로나 일상 시대에 맞추어 새로운 영유아 교육기관의 모습의 필요성을 공감하게 되었다.

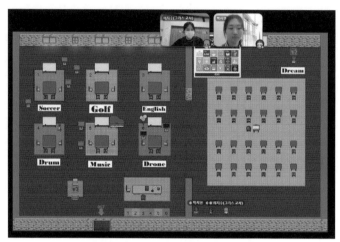

[그림 78] 해찬숲키즈 학부모 운영위원회

학부모님과의 소통과 공감의 자리로 패들렛을 링크로 넣어 활용하였다.

[그림 79] 해찬숲키즈 소통의 패들렛

3) 메타버스 플랫폼 게더타운(Gather town) 실제 사용 후기

(1) 장점

첫째, 키즈노트, 카페와 달리 2D 시각화로 아바타로 이동하며 즐겁게 수업이나 회의를 진행할 수 있다. 원격수업이나 회의에서도 지루하지 않게 게임하듯이 회의 및 수업에 참여하여 흥미와 즐거움을 느낄 수 있다.

둘째, 회의 참가자나 학습자가 아바타를 활용하여 자신이 원하는 위치로 이동하는 등 학습자 중심의 자율성이 보장된다.

셋째, 게더타운 회의에서는 참가자가 아바타를 방향키로 움직이며 참여하기 때문에 일반화상 수업에 비해 적극적이고 능동적인 참여가 된다.

넷째, 게더타운 설계자가 공간 설계의 측면에서 제약 없이 공간을 확장할 수 있다. 무한한 공간 설계의 가능성으로 인해 설계자나 교사의 역량 차가 극대화될 수 있다.

다섯째, 일반화상 수업은 화면만 공유하지만 게더타운 수업은 화면공유와 동시에 그 안에서 자유롭게 활동하는 즐거움이 있다.

여섯째, 일반화상 수업은 강의를 들을 때 편리하고 게더타운 수업은 **참여 활동 수업**에 편리하다.

일곱째, 일반화상 수업과는 달리 직접 아바타를 설정하고 능동적으로 참여하는 게더타운 수업은 학습자가 능동성과 소속감을 느끼게 한다. 또 소회의실을 설정할 때 일반화상 수업에는 직접 호스트가 배정하지만 게더타운에서는 참여자가 직접 모여서 토론할 수 있다.

여덟째, 패들렛을 링크로 새로운 소통이 쉽고 다양한 콘텐츠를 연결하여 사용할 수 있다.

아홉째, 게더타운은 여러 다양한 게임이 있고 아바타가 가까워지면 얼굴과 말소리가 들려서 현실세계처럼 상호작용이 가능하다. 쉬는 시간에 게임 등 상호작용을 재미있게 할 수 있는 다양한 놀이가 준비되어 있다.

열 번째, 아바타로 춤을 추는 방식으로 감정을 표현할 수 있다.

(2) 단점

첫째, 접속 불안 및 잦은 연결오류가 있었고, 통신상태에 따라 학부모나 영유아의 참여에 어려움이 있었다.

둘째, 아바타의 옵션이나 다양성이 부족하다.

셋째, 연결이나 이용 면에게서는 일반화상 수업이 익숙하고 게더타운은 아직 미사용자가 많고 불안정하다.

넷째, 일반화상 수업에서도 모둠수업(소회의실 기능)이나 카메라, 마이크 사용이 모두 가능하지만 게더타운 수업에서는 아바타를 통해 감정을 느낄 수 있다.

다섯째, 전체 지도가 다 보이지 않으므로 지도에 표시할 수 없어 역할을 충분히 해내지 못하고 있다. 넓은 지도에서는 길을 잃을 수 있다.

여섯째, 오브젝트 사용 설명이 필요하다. 아직 게더타운에 익숙하지 못하다.

일곱째, 통솔의 문제(학생, 학부모): MZ세대(밀레니얼+Z)는 어린 시절부터 스마트기기, 인터넷에 익숙하고, Z세대는 상황에 따라 다양한 정체성을 드러내는 '멀티 페르소나'의 특성을 보인다.

여덟째, 게더타운을 만들 때 글씨 쓰는 것이 불편하고 사진 편집 기능이 없어 크기 등 편집이 어려워 다른 편집기를 사용해서 다시 첨부해야 하는 불편함이 있다.

아홉째, 모바일에서 사용 한계가 불안정하고 방향키가 움직이지 않는다.

열 번째, 크롬으로만 사용할 수 있는 불편함이 있다.

4) 논의 사항 및 결론

본 해찬숲키즈 세너타운은 메타버스 기술을 활용하여 학부모와 영유아의 소통할 수 있는 메타버스의 등장으로 우리의 생활 전반에 변화를 주고 있으며, 교육수요에 대한 새로운 대안으로 제시되고, 현실과 가상세계의 교차점이 2D 기술로 구현된 또 **'하나의 학교 교육 세계'**인 것이다.

첫째, 어린이집의 운영위원회 회의 및 참여 수업, 부모간담회의 목적 및 전개 방식과 메타버스 플랫폼의 연계성이 훌륭하다. **메타버스 기술은 물리적 학교 환경에서의 제약을 극복하는 데 이바지했다.** 게더타운 플랫폼 내에서 참여자 중심의 전개 방식을 성공적으로 수행할 수 있을 것이다.

둘째, 게더타운 플랫폼에서 허용되는 소통의 자율성은 참여자에게 즐거움과 재미가 있다. 또한 기존의 '일방적인' 화상 수업에 비해 아바타를 통해 소통과 정서적 교류를 경험하면서 메타버스 플랫폼의 발전 가능성이 크다.

셋째, 메타버스 플랫폼을 활용한 학교 환경 소통 및 수업은 새로운 역량이 필요하다. 참여자의 능동성과 자율성이 확대된 메타버스 플랫폼에서 설계자나 교사에게 새로운 수업 설계 및 학생 지도 역량이 필요하다. 자율적 영역이 확대되는 만큼, 이를 목적에 맞게 활용 또는 통제할 수 있는 방법이 필요하다.

현행 메타버스 플랫폼은 '아바타'를 활용하여 회의 및 수업에 참여한다는 점이다. 이러한 메타버스 플랫폼의 특성은 기존의 회의 플랫폼과 다른 교육적 활용을 요구한다. 앞으로 AR/VR 기술 등의 비약적인 발전이 이루어진

다면 메타버스 플랫폼 또한 진화하며 새로운 교육의 장을 열게 될 것이다.

- 해찬숲키즈 게더타운
  https://gather.town/app/vrgb7BVSD2redn64/SONGYEONSCHOOL
  비밀번호 : ko4420070*
- 해찬숲키즈 게더타운 안내
  https://www.youtube.com/watch?v=IRjYDH8Lk80

3. 메타버스 기반 미래 일자리 창출 정책 전망

일자리의 질과 양은 코로나19를 거치면서 양극화가 더욱 심화되었다.

기업의 규모에 관계없이 대기업, 중소기업 모두 구인난에 시달리고 있다. 특히 300인 미만의 기업체에서는 인력부족률이 더욱 높게 나타나고 있다. 최근 기업체에서 HR 업무를 하고 있는 관계자들을 만나서 이야기를 들어 보면 대부분의 회사들에 있어 회사를 떠나는 인재들이 급증했고, 이를 충원 하기 위해 다각적인 노력을 하고 있지만, 인재 채용이 과거 대비 더욱 어려 워졌다는 하소연을 하고 있다.

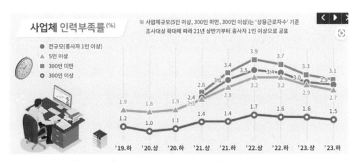

[그림 80] 사업체 인력 부족률: 고용노동통계조사

연간 월평균 근로시간은 코로나 19 이전에 비해 감소 추세에 있다. 이는 주52시간, MZ 세대의 증가 등 영향도 있겠지만, 코로나19로 인해 하이브리드 근무, 유연근무를 적용하는 사업체의 확대 등 기존의 근로시간과 근무환경에 대한 인식에 바뀐 것도 중요한 영향을 미치고 있다고 할 것이다. 인재를 유인하고 유지하는 중요한 정책으로 보상에 대한 기대심리 외에도 출퇴근 시간의 유연성, 주40시간, 하이브리드근무 등이 중요한 요인으로 등장하는 등 포스트 코로나는 코로나 19 이전과는 다른 여러가지 일상의 변화를 가져왔다.

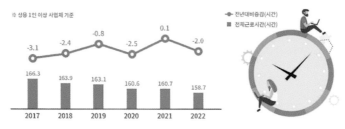

[그림 81] 전체 근로자의 연간 월평균 근로시간: 고용노동통계조사

특히, 코로나19의 시기에는 메타버스의 개념이 사회에 급속히 확산되었는 데, 기업체에 있어서는 메타버스를 통한 채용박람회, 메타버스 기반의 회의와 교육 참여 등 여러가지 변화가 시도되었다. 이러한 시도들은 삶의 방식과 일자리에 대한 생각의 변화, 근무환경의 변화 등 의미있는 변화로 정착되는 결과들도 가져왔다.

이러한 변화를 촉진하는 데는 정부의 정책도 큰 역할을 했다고 생각한다.

문재인 정부는 코로나19의 위기 극복 및 코로나 이후 글로벌 경제를 선도하기 위해 한국판뉴딜정책 2.0을 발표하면서 2025년까지 220조 원을 투입하고, 메타버스 등 초연결 신산업 및 탄소중립 추진 기반 구축 등을 통해서 일자리 250만 개를 창출한다는 계획을 발표했다[2]. 메타버스는 일자리 창출에 있어서 정부 정책의 가장 핵심 개념이라고 할 수 있는데, 실제 일반 국민들이 메타버스를 얼마나, 어느 정도로 인지하고 있으며, 어떤 기대감이 형성되어 있는지, 메타버스와 관련된 일자리 변화가 어떻게 진행되고 있는지에 대한 연구결과는 찾기가 어렵다. 이러한 메타버스 관련 동향 분석을 통해 메타버스가 향후 우리 사회에 적용될 것이라고 기대하는 분야를 확인할 수 있으며, 이를 통해서 메타버스 관련 일자리 변화를 미리 예측하여, 준비해야 할 부분을 확인하고자 한다.

메타버스에 대한 대중의 인지 정도와 일자리와 관련한 동향을 일반대중들의 시각에서 직접적으로 확인하기는 어렵지만, 일반 대중들이 가장 친숙하고, 매일 쉽게 접할 수 있는 언론 매체 기사들의 동향을 살펴본다면 어느 정도의 기대감이 형성되고 있는지를 확인할 수 있을 것이다. 이에 국내 종합 일간지, 경제지, 지역 일간지, 방송사 등 54개 언론사의 뉴스에 대한 빅데이터 분석 서비스를 제공하고 있는 빅카인즈를 통해 메타버스에 대한 동향과 메타버스와 관련된 일자리의 변화에 대한 일반 대중들의 시각을 확인하고자 한다[표 17].

54개 언론사에서 그동안 게재해 온 뉴스 빅데이터를 분석하기 위해 기사의 연도별, 월별, 주별, 일별 트렌드와 네트워크 분석을 실시했으며, 이를 위해 빅카인즈에서 기본적으로 제공하는 분석도구를 활용하였다. 또한, 일자리 관점에서의 변화를 확인하기 위해서는 기사들의 주요 키워드와 토픽을 파악하는 것이 중요하므로 토픽 모델링 분석기법을 활용하였다. 토픽 모델링 분석 방법은 텍스트와 같은 비정형 데이터를 확률분포를 바탕으로 머신러닝 알고리즘을 적용하여 키워드와 토픽을 추출하는 방법이다. 토픽모델링의 대표적인 알고리즘인 LDA(Latent Dirichlet Allocation)기법은 대량의 문서들 속에서 주요 키워드들을 확률에 따라 군집화하고 분류하는 기법으로서 대량의 텍스트 내에 존재하는 맥락을 도출하는 데 유용하다. 토픽모델링을 위해서 소셜 네트워크 분석 소프트웨어인 넷마이너 4.4.3g를 활용하였다.

[표 17] 빅카인즈 분석 기사 제공 언론사 현황

유형	언론사
중앙지(11)	경향신문, 국민일보, 내일신문, 동아일보, 문화일보, 서울신문, 세계일보, 중앙일보, 조선일보, 한겨레, 한국일보
경제지(8)	매일경제, 머니투데이, 서울경제, 아시아경제, 아주경제, 파이낸셜뉴스, 한국경제, 헤럴드경제
지역종합지(28)	강원도민일보, 강원일보, 경기일보, 경남도민일보, 경남신문, 경상일보, 경인일보, 광주일보, 광주매일신문, 국제신문, 대구일보, 대전일보, 매일신문, 무등일보, 부산일보, 영남일보, 울산매일, 전남일보, 전북도민일보, 전북일보, 제민일보, 중도일보, 중부매일, 중부일보, 충북일보, 충청일보, 충청투데이, 한라일보
방송사(5)	KBS, MBC, OBS, SBS, YTN
전문지(2)	디지털타임스, 전자신문

메타버스의 동향 트렌드를 확인하기 위해 메타버스 1.0의 개념인 증강현실, 일상기록, 라이프로깅, 거울세계를 활용하였고, 메타버스 2.0의 하위 개념으로는 디지털 미, 디지털 현실, 디지털 트윈을 활용하였다. 또한, 메타버스의 활용 관점 동향을 파악하기 위해서는 "메타버스 AND 활용"을 키워드 검색 연산자로 활용하였다. 메타버스의 일자리 관점 동향을 파악하기 위해서는 "메타버스 AND (고용 OR 일자리)"를 활용하였다.

메타버스 동향 트렌드를 파악하기 위한 검색기간은 빅카인즈에서 기사 검색이 가능한 1990년 1월 1일부터 2021년 10월 10일까지로 설정하였다. 활용한 키워드 검색 연산자는 "증강현실 OR 일상기록 OR 라이프로깅 OR 거울세계 OR 가상세계 OR 가상현실 OR (디지털 AND 미) OR (디지털 AND 현실) OR (디지털 AND 트윈)"이다. 21년의 기간 동안 211,948건의 기사가 게재되었으며, 이 중 56.9%인 120,504건이 최근 5.8년의 기간인 2016년 1월 1일 이후 게재되었고, 39%인 82,688건의 기사가 최근 3.8년인 2018년 1월 1일 이후 게재되었다[그림 82].

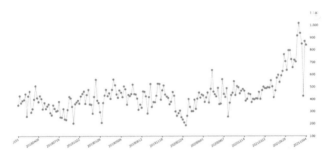

[그림 82] 메타버스 하위 개념 기사 건수(1990년 1월 1일~2021년 10월 10일)

메타버스의 하위 개념과 메트버스와의 트렌드 연관성을 확인하기 위해 키워드 검색자를 메타버스로 설정하고, 검색기간을 2018년 7월 1일부터 2021년 10월 10일까지 설정하여 검색한 결과 9,785건의 기사가 검색되었다. 메타버스가 대중에게 인식된 시기를 1기(2018년 7월 1일~2020년 11월 31일), 2기(2020년 12월 1일~2021년 6월 30일), 3기(2021년 7월 1일~2021년 10월 10일)로 나누어 변화의 트렌드를 살펴보았다. 1기 53건, 2기 2,812건, 3기 6,920건의 기사가 검색되었으며, 최근 3개월간의 기사가 전체의 71%를 차지하였다[그림 83].

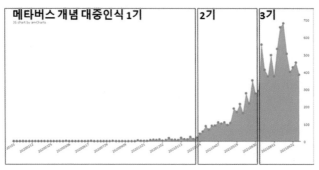

[그림 83] 메타버스 기사 건수(2018년 7월 1일~2021년 10월 10일)

이러한 트렌드 분석을 통해 메타버스에 관한 기사는 2021년부터 본격적으로 대중에게 노출되고 인지되고 있음을 확인할 수 있었다. 또한, 그동안 개별적으로 통용되고, 발전되어 오던 메타버스의 하위 개념들이 2021년 이후 단기간 내 급격히 메타버스라는 용어로 통합되어 종합적인 개념으로 대중에게 노출되는 경향을 확인할 수 있었다. 메타버스 개념의 대중 인식을 시기별로 나누어 살펴보는 것은 향후 메타버스의 발전 방향을 예측하게 해 줄 뿐만 아니라 다양한 산업과 고객의 기대를 확인하고 정부나 각 기업, 각 기관 그리고 개인이 메타버스 시대를 준비할 수 있도록 도움이 될 수 있다. 특히, 메타버스는 현실세계의 확장된 개념이므로 정부의 일자리 정책 수립에 있어 중요한 사항이 될 수 있다.

메타버스가 어떻게 활용되는지를 확인하기 위해 키워드 검색연산자를 "메타버스 AND 활용"으로 조합하여 검색한 결과 1기에 게재된 53건의 기사에서는 주로 메타버스 세상이 무엇인지에 대한 탐색과 기대감을 나타내는 기사들이 주를 이루었다. 2기 2,812건의 기사에서는 메타버스의 활용 방안에 대한 탐색, 게임/엔터테인먼트 참여, 투자, 기술 협력, 사업적 활용 가능성 확인, 정부 정책과 고용 관련 기사들로 변화하였다. 최근 3개월의 기간인 3기 6,920건의 기사에서는 교육, 기업 업무, 소통/문화, 기술협력, 상업, 관광, 정책/고용 서비스 등 다양한 분야에서 실제 활용하고 있거나 활용하겠다는 기사들로 발전하였다[표 18].

[표 18] 시기별 메타버스 활용 관점 기사 주요 키워드

시기	주요 내용
1기 (2018년 7월 1일~ 2020년 11월 31일, 53건)	코로나 시대 언택트 문화가 촉매제, 코로나와 메타버스 포스트 코로나, 콘서트 달라진다, 미래의 아이돌, 2~3년 뒤 가상현실, 케이팝, 아바타와 함께 큰다, 친구처럼 소통하는 AI 인프루언서, 에스파(가수/아바타 4+4인조 걸그룹) VR 쓰고 선거유세/가상현실 사무실, 뉴노멀 시대 생존 전략
2기 (2020년 12월 1일~ 2021년 6월 30일, 2,812건)	활용 방안 모색, 활용 가능성 토론회, 블루오션, 체험, 패러다임 메타버스 펀드, 주가, 옥석가리기, 로블록스상장, 디지털골드러시 대학-기업 간 MOU, 아바타, 게임, 메타버스/AI 접점 기업간 동맹, 생태계조성, 디지털 구찌, NFT, 팬미팅, 가상야구장 메타버스 얼라이언스, 창작자 양성교육, 가상세계 소득과 일자리
3기 (2021년 7월 1일~ 10월 10일, 6,920건)	직원연수, 인재양성, 신입사원교육, 가상 오피스/창구 사원소통공간, 월례회, 기업문화 활동, 시민참여단 토론 대학-기업 간 MOU, 클라우드 인프라 구축 문화/관광/축제, 주택전시관, 기업 간 업무협약, 정당, 은행 채용설명회, 기재부 한국판 뉴딜 정책, 서울 행정서비스

메타버스 활용의 기사 건수 99.4%는 2기와 3기에 집중되어 있으며, 네트워크 분석을 각 키워드 간의 연관도가 어떻게 형성되어 있는지를 추가로 확인할 필요가 있다. 2기와 3기의 네트워크 분석을 위해 활용한 키워드는 검색연산자는 "메타버스 AND (고용 OR 일자리)"이며, 2기 139건과 3기

471건의 기사가 검색되었다. [그림 84]와 같이 2기에서는 보이지 않던 네트워크 클러스터가 3기에서는 뚜렷이 형성되었다. 3기 들어서 문재인 대통령과 정부는 휴먼뉴딜 등 뉴딜 2.0 정책을 발표하였으며, 각 정당과 기관들이 메타버스와 일자리 창출을 연결 지어 여러 가지 정책이나 의견을 제시하고 있음을 확인할 수 있다. 민간 기업 중심으로 발전해 오던 메타버스의 하부 개념과 기술들이 향후에는 정부의 정책으로 반영되어 민관이 함께 메타버스 관련 산업과 기간 인프라를 다양한 분야에서 전개할 것이라고 예측되며, 2025년이라는 목표를 가지고 움직이기 때문에 속도와 현실세계에서의 영향력이 매우 클 것으로 예상된다.

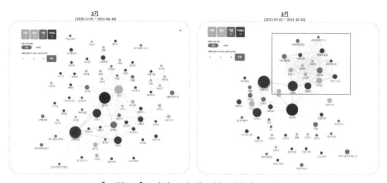

[그림 84] 2기와 3기 네트워크 분석 그래프

메타버스 관련 일자리 기사들은 특히 최근 3기에 집중되어 있고, 의미 있는 클러스터가 나타났으므로 3기에 수집된 기사 471건으로 토픽 모델링 분석을 실시하였으며 그 결과는 [표 19]와 같다.

4개의 토픽을 도출했으며, 토픽 1은 한국, 기술, 사업, 데이터 등의 키워드가 도출되어 토픽명을 '기술혁신이 이끈 노동환경의 변화'로 정의했고, 해당 뉴스 건수는 112건으로 토픽 비중은 전체 기사의 23.8%이다. 토픽 2는 부산, 미국, 가상, 청년 등의 키워드가 도출되어 토픽명을 '일터와 채용 방식의 변화'로 정의했고, 해당 뉴스 건수는 143건으로 전체 기사의 30.4%이다. 토픽 3은 안전망, 대한민국, 청년, 고용 등의 키워드가 도출되어 토픽명을 '휴먼 뉴딜 정책을 통한 고용 창출'로 정의했고, 해당 뉴스 건수는 120건으로 전체 기사의 25.2%이다. 토픽 4는 서울, 도시, 경쟁력, 스타트업 등의 키워드가 도출되어 토픽명을 '일자리 기반 정부, 지자체와 스타트업 강화를 위한 다각적 노력과 정책 발표'로 정의했고, 해당 뉴스는 96건으로 전체의 20.4%이다.

[표 19] 3기 메타버스 일자리 관점 토픽 모델링 분석 결과

토픽명	키워드(확률)	관련 뉴스, 매체, 일자
기술혁신이 이끈 노동환경 변화	한국 (0.018)	"한국경영자총협회는 IT기업은 하이브리드 근무, 제조업은 재전환 예측", 세계일보, 10.7 "한국무역협회 회장은 한국과 신남방국가들이 함께 번영하는 모델 모색", 디지털타임지, 10.05
	기술 (0.016)	"'가상 인간'이 사람 일자리를 속속 대체하고 있다. '로지'는…열정적인 춤사위…22살 여성이다." 한겨레, 2021.11.03. "코로나19 팬데믹은 세기적 재앙과 동시에 기술 혁신의 황금기를…기술혁신의 너비와 깊이 측면에서…", 중앙일보, 09.28
	사업 (0.014)	"부산영상위원회가 동의대에서 '실감콘텐츠' 제작 인력 양성을 위한 산학협력 협약을 맺었다." 아시아경제, 09.29, "충청권의 4개 지자체는 대덕연구개발특구 연구기관과 공동으로 인공지능·메타버스 신사업을 추진한다", 중부매일, 09.07
	데이터 (0.013)	"데이터 기반 예술정책 수립과 예술현장 맞춤형 지원 수요에 부응하는 의미 있는 활동이 이어지고 있다." 매일경제, 09.13, "경기 수원시가 성균관대학교와 함께 진행하는 '디지털커머스 전문인력 양성 지원사업'을 시작했다." 한국경제, 09.07

토픽명	키워드(확률)	관련 뉴스, 매체, 일자
일터와 채용 방식의 변화	부산 (0.022)	"세계 최고의 경매업체인 소더비가 '소더비 부산'으로…소더비의 모든 콘텐츠를 활용하고 국제적인 경매 행사 유치 등 지역경제 활성화와 일자리 창출에 이바지하겠다." 국제신문, 08.24
	미국 (0.020)	"메타버스의 발전은 '개념 탄생' '서비스 시작' '서비스 본격화' 총 3단계로 나뉜다. 서비스가 본격화되면서 글로벌 IT 기업들은 '메타버스' 플랫폼의 선두 주자가 되기 위한 경쟁을 치열하게 펼치는 중이다.", 매일경제, 10.05, "자본주의 역사상 세계에서 가장 큰 기업이 오늘날 빅테크들처럼 빠르게 성장한 적은 없었다. 애플, 페이스북, 알파벳(구글), 아마존, 마이크로소프트(MS) 등", 서울신문, 08.06
	가상 (0.018)	"남부발전… 제주도 한경풍력단지를 본뜬 메타버스(3차원 가상세계) 맵(Metaverse Map)이 구현됐다.". 부산일보, 10.07, "충남대 등 대전지역 5개 대학이 공동으로 메타버스를 활용해 운영한 취업캠프가 참가자들의 큰 호응을 얻었다.", 충청투데이, 10.05
	청년 (0.018)	"송파구가 메타버스 활용한 취업교육프로그램을 마련…청년 구직자들을 위한 '5주 직무캠프'를 운영", 서울신문, 10.05
휴먼 뉴딜 정책을 통한 고용 창출	안전망 (0.036)	"뉴딜 2.0을 통한 전 국민 사회 고용 안전망을 강화하는 등 사람에 적극 투자", 머니투데이, 7.15
	대한민국 (0.021)	"휴먼 뉴딜을 새로운 축으로 한 한국판 뉴딜, 2025년까지 220조 투자, 고용안정망 구축, 사람 투자 대폭 확대", 서울신문, 7.14
	청년 (0.019)	"노동시장의 엄청난 함몰로 인해 일자리 감소가 2035년까지 약 750만 개가 사라질 것이라는 예측을 한다.", 경기일보, 08.18, "'한국판 뉴딜 2.0'은 … 교육 돌봄 등 격차 해소와 청년 지원에 초점이 맞춰져 있다.", 국민일보, 07.30
	고용 (0.018)	"DX로 발생하는 일자리는 스마트팩토리 구축 위한 개발, 유지보수, 데이터 분석 및 로봇 관련 작업 등이 있다.", 경상일보, 8.17
일자리 기반 정부, 지자체와 스타트업의 경쟁력 강화를 위한 다각적 노력과 정책 발표	서울 (0.040)	"서울시가 내년부터 기준소득 대비 미달액의 50%를 지원하는 '서울형 안심소득' 시범사업을 시작한다." 국민일보, 09.16, "'서울비전 2030'…주거와 복지, 일자리, 교육 등을 통한 계층이동사다리 복원과 도시경쟁력 회복이 골자다.", 한국일보, 09.15

토픽명	키워드(확률)	관련 뉴스, 매체, 일자
일자리 기반 정부, 지자체와 스타트업의 경쟁력 강화를 위한 다각적 노력과 정책 발표	도시 (0.022)	"진천군이 한국과학기술원(KAIST) 융합교육연구센터와 손잡고 충북혁신 도시에 인공지능(AI) 교육센터를 구축한다." 충북일보, 10.04, "부산시가 7일 '부산블록체인산업협회' 창립총회를 계기로 본격적인 블록체인 산업생태계 조성에 나선다." 헤럴드경제, 09.08
	경쟁력 (0.015)	"'서울시는 계층이동 사다리 복원, 글로벌 도시경쟁력 회복 등을 목표로 정책과제를 추진한다.", 머니투데이, 09.15, "어느새 유니콘 기업 11개(쿠팡, 우아한형제들, 야놀자, 블루홀 등)를 배출한 세계 5위 스타트업 강국으로···", 동아일보, 08.18
	스타트업 (0.013)	"스타트업으로의 인재유입이 가속화하며 대기업 공기업 중심이던 고용시장에 변화의 바람이 불고 있는 가운데, 스타트업들이 만들어내는 새로운 형태의 일자리들도 신규 고용을 견인하고 있다.", 머니투데이, 09.22, "개발자 인력난을 겪고 있는 벤처·스타트업 지원을 위해 민간 기업이 주도하고 정부가 뒷받침하는 인재양성 프로그램 '벤처스타트업 아카데미'가 13일 본격 가동했다.", 전자신문, 09.13

3기의 메타버스와 일자리 관련 토픽은 '기술혁신이 이끈 노동환경의 변화', '일터와 채용 방식의 변화', '휴먼 뉴딜 정책을 통한 고용 창출', '일자리 기반 정부, 지자체와 스타트업의 경쟁력 강화를 위한 다각적 노력과 정책 발표' 등의 토픽이 나타남에 따라 '메타버스가 촉발한 일자리 환경의 변화와 디지털 세상을 선점하기 위한 정부, 지차체, 기업들의 다각적 정책 발표 및 다양한 시도'로 명명하였다.

본 연구의 목적은 메타버스와 관련된 뉴스를 시기별로 빅데이터 분석을 통해 일반 대중들에게 어느 정도, 어떻게 노출되어 왔고, 이로 인해 메타버스에 대한 일반 대중에게 형성된 활용 기대감을 확인하고자 함이다. 또한 이를 바탕으로 메타버스와 관련한 일자리 창출의 관점에서 다루어야 할 주요 이슈들을 제안하기 위해 수행되었다.

메타버스는 초기 탐색, 게임과 엔터테인먼트에의 참여 중심에서 지금은 채용설명회 등 채용 방식의 변화, 은행 창구 개설 등 금융 분야의 변화, CU

지점 개설 도소매업의 변화, 정규 학교 교육, 산업 교육, 기업 문화 활동의 공간, 군사 교육 등 다양한 분야에서 실험적으로 메타버스를 도입하고 미래 국가와 기업 경쟁 우위 수단으로서 선점하기 위한 활동과 투자가 진행되고 있다. 이러한 활동들은 필연적으로 일자리의 변화를 수반하게 되므로 메타버스가 일자리 변화에 어떠한 영향을 미칠 것인지 면밀하게 검토하고 준비를 해야 한다.

메타버스는 여러 가지 기술과 결합하면서 급속히 발전하고 있으며, 이로 인해 사회는 직간접적인 영향을 받아 변화할 것이다. 특히, 일자리에 있어서는 실제와 가상세계의 경계가 없어지거나 옅어지면서 한편으로는 다양한 형태로 일자리 영역이 확대될 수 있을 것이다. 교육, 원격의료, 오피스, 테마파크, 뮤지엄, 노동시장 등 전문적인 영역에서 한국이 메타버스 플랫폼을 선점하여 글로벌 표준이 될 수 있다면 관련된 다양한 일자리를 우선적으로 국민들에게 제공할 수 있게 될 것이다. 이를 위해서는 각 전문 분야별 메타버스 플랫폼을 정부가 주도하고 민간 기업이 참여하는 형태로 진행된다면 보다 빠르게 성과를 볼 수 있을 것이다.

전 세계가 동시에 코로나19의 영향을 받음에 따라 일자리의 속성도 급속도로 미래화되고 있다. 전 세계적으로 재택근무, 원격근무, 유연근로제, 비대면 미팅 등으로 근로 방식의 변화를 촉발시켰으며, 코로나19가 끝나더라도 과거와 같은 방식의 근로 방식으로 회귀하기는 어렵다. IT기업과 같은 산업은 오히려 비대면 근무를 더욱 강화시키고 회사의 오피스 공간을 대폭 축소하려는 움직임도 있다. 이러한 변화는 다양한 화상회의 시스템들이 메타버스로 통합하면서 새로운 오피스 환경으로 변화할 수 있다. 이렇게 코로나19와 메타버스 환경에 빠르게 적응하고 이를 활용한 기업들은 매출과 영업이익 측면에서 단기간 내 2~3배의 성장을 한 반면 문을 닫거나 무급 휴직 등으로 구조조정을 해야 하는 기업들도 다수 발생하여 소득의 양극화를 심화시켰다. 이러한 때에 문재인 정부에서 전 국민 대상 고용안전망 구축이 휴먼 뉴딜 정책에 담겨 있는 것은 매우 바람직한 방향이라고 할 수 있을 것이다. 그렇지만, 향후 다양한 산업에서 프리랜서, Gig Worker 등 시간제, 전문직 근로자들이 더욱 증가하는 방향으로 전개될 수 있는데, 이들에 대해서도 근로자로서의 지위를 누릴 수 있도록 4대 보험 등 사회적 보장 제도의 주체와 소요 비용에 대한 사회적 합의를 만들어갈 필요가 있다.

또한, 중소기업을 대상으로 메타버스, IT 인프라 등 구축을 위한 비용과 기술적 지원 체제를 확대할 필요가 있다. 현재는 예산의 한계와 까다로운 조건으로 인해 수혜를 보는 중소기업의 수가 많지 않다. 단순히 IT Infra 구축뿐만 아니라 국가에서 스타트업 기업과 중소기업 등 자본이 많지 않은 기업들을 위해 스마트 워크를 지원하는 저비용 공유 오피스 등을 지원하여 메타버스의 시대에서 경쟁력을 가질 수 있도록 국가 주도의 메타버스 기반 Infra를 조성할 필요가 있다.

메타버스의 대중 인식 속도로 볼 때 아바타 디자이너, 메타버스 건축가 등 크리에이터 생태계가 단기간 내에 조성되고 확대될 것이므로 많은 SW 인력과 크리에이터 등 DX 인재들이 단시간 내에 필요할 것이다. 정부에서 정부 운영 교육프로그램의 확대와 정규 대학 과정 개편뿐만 아니라 대학-기업-정부-민간-외국과 유기적인 연계를 통해 총합적인 육성체계로 시급히 개편하여야 할 것이다.

정책은 정권의 변화에 따라 영향을 많이 받지만, 메타버스와 관련한 정책은 정권의 변화에도 불구하고 중요하게 다루어지고 있다. 문재인 정부에서는 뉴딜 정책을 진행하였고, 윤석열 정부에서는 메타버스를 미래의 핵심적인 국가 경쟁력으로 포지션하고 국가 차원에서 '온전한 자아', '안전한 경험', '지속가능한 번영'의 3대 지향가치를 추구하는 메타버스 윤리원칙을 제정하여 발표하였다. 이러한 3대 지향가치를 실천하기 위해 정부에서는 '진정성, 자율성, 호혜성, 사생활 존중, 공정성, 개인정보 보호, 포용성, 책임성'의 8대 실천 원칙을 제시하고 있다. 이러한 정책은 메타버스 적용 분야와 인프라 등 양적 확대를 기반으로 사람의 삶을 존중하고 함께 공존하는 공간을 만든다는 차원에서 한 단계 진일보한 것이다.

또한, 정부에서는 메타버스 산업의 본격적 육성을 위한 30개 분야의 규제혁신 과제를 선정하고, 메타버스 생태계를 활성화하기 위해 '메타버스 생태계 활성화를 위한 선제적 규제혁신 방안'을 발표하였다. 이 방안은 민간 중심의 '자율규제', 신산업 여건을 고려한 '최소규제', 기술·서비스 발전을 촉진하는 '선제적 규제혁신'을 기본원칙으로 하고 있으며, 또한 '메타버스 산업 진흥법'(가칭) 제정을 추진 중이다.

정부의 정책이 진일보하고 짜임새 있게 잘 정비되어 가고 있지만, 메타버스 사회로의 변화가 인간의 삶과 일자리의 변화에 미칠 파급력을 고려하여 정부에서 더욱 열린 자세로 임해야 할 것이다. 각 분야별로 관련된 조직, 기업, 학교, 사회단체들과의 깊이 있는 토론을 통해 사회 전반에 미칠 변화의 영향력 등 세세히 점검하고 참여형으로 전개되어야 국민들이 이를 수용하고 대비할 수 있게 되어, 큰 고통 없이 사회 전반의 혁신을 단시간 내에 진행할 수 있을 것이다.

$$\boxed{\text{참고 자료}}$$

Ⅰ. 과제 선정 배경

[1] Accenture. (2019.5.15.). A responsible future for immersive technologies. https://www.accenture.com/us-en/insights/technology/responsible-immersive-technologies

[2] AR MR XR. (2020.10.6.). The Metaverse is coming : Nvidia Omniverse. https://www.youtube.com/watch?v=lcuGpLLeGWM

[3] Boost VC, Perkins Coie, & XR Association. (2020). 2020 augmented and virtual reality survey report.

[4] https://www.perkinscoie.com/images/content/2/3/231654/2020-AR-VR-Survey-v3.pdf

[5] Dean Takahashi. (2021.1.27.). Crucible is creating agents to keep the metaverse open. https://venturebeat.com/2021/01/27/crucible-is-creating-agents-to-keep-the-metaverseopen/

[6] Dean Takahashi. (2021.1.27.). Tim Sweeney : The open metaverse requires companies to have enlightened self-interest. https://venturebeat.com/2021/01/27/tim-sweeney-the-open-metaverse-requires-companies-to-have-enlightened-self-interest/

[7] Gartner. (2018.10.15.). Gartner top 10 strategic technology trends for 2019. https://www.gartner.com/smarterwithgartner/gartner-top-10-strategic-technology-trends-for-2019/

[8] Genies. (n.d.). Celebrity avatars. http://avatars.genies.com/celebrity-avatars/

[9] ITBear. (2020.8.11.). 증강현실 AR 내비 등장!! U+내비게이션. https://www.youtube.com/watch?v=a7RuuizGnIQ

[10] James Paul Gee. (2007). What video games have to teach us about leaning and literacy. St. Martin's Griffin.

[11] Jane McGonigal. (2011). Reality is broken : Why games make us better and how they can change the world. Penguin Books.

[12] Kevin Westcott, Jeff Loucks, Kevin Downs et al. (220.6.23). Digital media trends survey, 14th edition. https://www2.deloitte.com/us/en/insights/industry/technology/digital-media-trends-consumption-habits-survey/summary.html

[13] Lauren Kirchner. (2011.2.10.). AOL settled with unpaid "volunteers" for $15 million.
https://archives.cjr.org/the_news_frontier/aol_settled_with_unpaid_volunt.php

[14] LG CNS. (2021.1.5.). 사람이 눈앞에 있는데 비대면? 가상융합(XR)이 온다!. https://blog.lgcns.com/24

[15] Neal Stephenson. (1992). Snow Crash. Bantam Books.

[16] North. (1992). Snow Crash. Bantam Books.

[17] John Smart, Jamis Cascio, & Jerry Paffendorf. (2007). Metaverse Roadmap Overview.Acceleration Studies Foundation. http://www.metaverseroadmap.org/overview/

[18] SMTOWN. (2020.11.2.). SM 신인 걸그룹 aespa, 11월 17일 데뷔 확정! 싱글 'Black Mamba' 전격 공개!. https://www.smtown.com/artist/newsDetail/4154

[19] Unity. (n.d.). What is AR, VR, MR, XR, 360?. https://unity3d.com/what-is-xr-glossary

[20] VT Staff. (2021.2.4.). The blockchain-based virtual world that can help usher

in the metavrse. https://venturebeat.com/2021/02/04/the-blockchain-based-virtual-world-thatcan-help-usher-in-the-metaverse/

[21] VentureBeat. (2020.4.29.). The Metaverse is coming. https://www.youtube.com/watch?v=rbhC6wokNGc

[22] 남현숙, 미국 VR · AR 기술정책의 진화, 2019. https://spri.kr/posts/view/22823?code=industry_trend

[23] 신정아, 뉴미디어와 스토리두잉. 칠월의숲, 2009.

[24] 이진규, 메타버스와 프라이버시, 그리고 윤리-논의의 시작을 준비하며, 2021.3.2.

[25] 현대자동차그룹. (2019.12.18.). VR technology for mobility development. https:

II.1 코로나 이후의 글로벌 환경 변화

[26] 이동호, "비대면과 거리두기가 가져올 코로나19 이후 세상은?", 월드코리안신문, 2020.5.4.

[27] 윤기영, "신종 코로나 이후의 디지털 전환", SPRi, 2020.3.13.

[28] ETRI 경제사회연구실, "코로나 이후 글로벌 트렌드-완전한 디지털 사회-", 기술정책 인사이트 2020-01.

[29] 표준고위과정 5기 PBL 4팀, "언택트 시대, 디지털 기술과 표준화 대응전략", 2020.12.8.

II.2 정부 및 대내외 정책 동향

[30] 가상융합경제 발전전략, 2021.12., 과학기술정보통신부.

[31] 최계영 연구위원, 메타버스 시대의 디지털 플랫폼 규제, 정보통신정책연구원, 2021.7.

[32] 금융분야 인공지능 가이드라인, 2021.7., 금융위원회.

[33] 한국판 뉴딜 종합계획, 2020.7.14., 기획재정부.

[34] 한국판 뉴딜 2.0 추진계획, 2021.7., 기획재정부.

[35] 가상 · 증강현실 분야 선제적 규제혁신 로드맵, 2020.8., 과학기술정보통신부.

[36] 가상융합경제발전전략, 2020.12., 과학기술정보통신부.

[37] 디지털 뉴딜 문화콘텐츠산업 성장전략, 2020.9., 문화관광부.

[38] 공공데이터 개방 2.0 추진전략, 2021.4., 행정안전부.

[39] 데이터 플랫폼 활성화 전략, 2021.6., 4차혁명위원회.

[40] 민 · 관협력 기반 데이터 플랫폼 활성화 전략, 2021.6., 과학기술정보통신부.

[41] 산업 디지털전환 확산 전략, 2021.4., 산업통상자원부.

[42] 비대면 경제 표준화 전략, 2020.9., 국가기술표준원//www.youtube.com/
watch?v=Wdawq_s1Zzg

[43] 융합서비스표준오픈포럼, 2021.9., 국가기술표준원.

[44] 가상현실(VR) 콘텐츠용 휴먼팩터 가이드라인, 2019, 한국가상증강현실산업협회.

[45] 디스플레이 표준화 국제포럼, 2021.8., 국가기술표준원.

II.3 메타버스 서비스 및 기술 동향

[46] 김상균, 메타버스: 디지털 지구, 뜨는 것들의 세상, 플랜비디자인, 2020.12.

[47] 김상균 · 신병호, 메타버스 새로운 기회: 디지털 지구, 경제와 투자의 기준이 바뀐
다, 베가북스, 2021.5.

[48] https://youtu.be/fJ-Lu1p2YPE: 메타버스 적용사례 총정리(35분, 2021.6.).

[49] https://youtu.be/EZN8lhq7HVE: 메타버스, 디지털지구(7분, 2021.2.).

[50] https://youtu.be/3PcB_HSOQKY: 메타버스, 상상이 현실이 된다(2021.7.).

[51] https://youtu.be/N4JqUCVm8JY: 메타버스 하드웨어 경쟁(2021.3.).

[52] https://youtu.be/Pvr9FnwPufg: 메타버스에서 일곱 개의 학교에 다닌다(2021.7.).

[53] https://youtu.be/-8PyZy3Cemw: 메타버스 총정리, 돈이 몰리고 있다(2021.5.).

[54] https://youtu.be/z3-knGK18aM: 메타버스가 만든 직업(2021.9.).

[55] https://youtu.be/bqbhulVvdzY: 메타버스보다는 빅데이터(2021.9.).

Ⅲ.1 클라우드 기반 기술 및 활용

[56] ICT표준화전략맵 Ver.2021, 2020.12., 정보통신기술협회.

[57] 강맹수, 클라우드컴퓨팅 시장 동향 및 향후 전망, 산업기술리서치센터, 2019.1.

[58] 박준환, 클라우드컴퓨팅 관련 국내외 표준화 현황, 한국정보통신기술협회, 2020.

[59] 이강찬 등, 클라우드컴퓨팅 표준화 동향 및 전략, Internet and Information Security 제3권, 2012.3.

[60] 제3차 클라우드컴퓨팅 기본계획, 2021.9., 과학기술정보통신부.

[61] 김상균, "메타버스 미디어 플랫폼과 관련 표준화 동향", 방송과 미디어 v.26 no.3, 2021년, pp.41-49.

Ⅲ.2 메타버스 요소 기술 표준화 동향 및 개선 방안

[62] 배효철, 윤경로, "MPEG-V를 중심으로 본 실감 미디어 표준화 동향", 한국통신학회지, v.32 no.3, 2015년, pp.11-17.

[63] "진화하는 메타버스 '디지털 가상화 표준기술' 적용되나?", tech42, 2021.06.29.

[64] "한국이 주도한 가상현실 어지럼증 감소기술, 국제표준(IEEE)으로 채택", 전자신문, 2020.9.28.

[65] https://www.iso.org/standard/73581.html.

[66] "TTA, IEEE와 메타버스 융합 기술 표준화 국제회의 공동 개최", 보안뉴스, 2021.6.29.

Ⅲ.3 온라인 교육기관 인증 표준화

[67] 사실상 표준의 국가표준으로의 활용 방안에 관한 연구, 2009, 대한안전경영과학회지, pp.167-178.

[68] [초중등]+210128_2021학년도+학사+및+교육과정+운영+지원+방안, 2021.1. 교육부.

[69] 코로나19+대응을+위한+원격수업+및+등교수업+출결·평가·기록+가이드라인(2021학년도+2학기+이후), 2021.8. 교육부.

[70] 초 · 중등교육법, 2021.9. 국가법령정보센터.

[71] 고등교육법, 2021.9. 국가법령정보센터.

[72] 고등교육 평가 · 인증 · 인정기관 지정기준, 2018.7. 국가법령정보센터.

[73] 김상균 · 신병호, 메타버스의 새로운 기회, 2021.

[74] 최형욱, 메타버스가 만드는 가상경제 시대가 온다, 2021.

[75] 이정기, 온라인 대학교육, 2014.

III.4 이머징 규제 Worst 3 개선 방안

[76] 국내 정보보호산업 실태조사, 2021, 과학기술정보통신부.

[77] 금융보안 표준화 추진체계 현황과 시사점, 2020년, 금융보안원.

[78] 보안 정보 공유 기술 및 표준화 동향, 2020년, ETRI.

[79] 블록체인 국제표준화 활동 현황, 2019년, ETRI.

[80] 정보보호총론, 호남대학교.

[81] 정보화촉진기본법, 국가법령센터.

[82] 차세대 표준 암호 기술 동향, 2020, 국가보안기술연구소.

[83] ICT 표준화 전략 맵, 2021, 정보통신기술협회.

[84] 2019년 글로벌 보안시장 전망-성장하는 시장과 죽는 시장, 2021, 데일리시큐.

IV.1 메타버스 기술의 군사적인 활용

[85] 메타버스와 국방 적용 방안, 2021.9.9., MTSEA 포럼.

[86] 소프트웨어정책연구소 이슈리포트, 메타버스 등.

[87] 사람이 눈앞에 있는데 비대면? 가상융합(XR)이 온다!. 2021.1.5., LG CNS.

[88] VR technology for mobility development, 2019.12.18., 현대자동차그룹.

[89] Neal Stephenson, Snow Crash, 1992.

[90] North, Snow Crash, Bantam Books, 1992.

[91] John Smart, Jamis Cascio, & Jerry Paffendorf, Metaverse Roadmap Overview,

2007.

[92] SMTOWN, SM 신인 걸그룹 aespa, 2020.11.2.

[93] AR MR XR, The Metaverse is coming : Nvidia Omniverse, 2020.10.6.

[94] Augmented and virtual reality survey report, 2020, Boost VC, Perkins Coie, & XR Association.

[95] Dean Takahashi, Crucible is creating agents to keep the metaverse open, 2021.1.27.

[96] Gartner. Gartner top10 strategic technology trends for 2019. 2020, 2021.

[97] 증강현실 AR 내비 등장!, 2020.8.11., ITBear.

[98] The Metaverse is coming, 2020.4.29., VentureBeat.

[99] 남현숙, 미국 VR · AR 기술정책의 진화, 2019.

[100] 이진규, 메타버스와 프라이버시 등, 2021.3.2.

IV.2 메타버스 교육 플랫폼 실제 활용 사례

[101] 윤경로, 메타버스 표준화 동향, 한국통신학회지(정보와통신), 38(9), 32-38, 2021.

[102] 조희경, 메타버스 환경에서 어포던스 디자인 요소 분석에 대한 연구, 한국디자인문화학회지, 27(3), 441-453, 2020.

[103] 오지희, 확장된 기술수용모델(ETAM)을 적용한 메타버스 이용 의도에 영향을 미치는 요인연구: 가상세계 메타버스를 중심으로, 한국콘텐츠학회논문지, 21(10), 204-216, 2021.

[104] 유갑상, 전긍, 메타버스 기반의 게임형 어학교육 서비스 플랫폼 개발에 관한 연구, 한국디지털콘텐츠학회 논문지, 22(9), 1377-1386, 2021.

[105] IMI정기학술대회공청회 "메타버스와 실감교육콘텐츠 개발" 자료집, 2021, 동국대학교 이주다문화통합연구소

Ⅳ.3 메타버스 기반 미래 일자리 창출 정책 전망

[106] OECD Economic Outlook, Interim Report, 2021.09., OECD, https://www.oecd.org/economic-outlook/

[107] '휴먼' 더한 한국판 뉴딜 2.0, 일자리 250만 개 창출한다, 2021.7, 기획재정부, https://www.korea.kr/news/policyNewsView.do?newsId=148890130&fbclid=IwAR0MTLzeYTIiTTPDy9TX8Nli1_m3Kp3JDIu66dHKfxsfxQiyd_WNnSqWxpE

[108] Y.S. Hwang, Journalism Studies in the Data Age, Seoul : Communication Books, pp.331-377, 2017.

참고문헌 (서문)

[1] 매튜 볼, "메타버스 모든 것의 혁명", 다산북스, 2023.6.5.

[2] 하이레, "메타버스, 죽지 않았다. 다양한 형태로 성장 중", 토큰포스트, 2023.6.29.

공동저자 **고가온** | 메타버스 교육 플랫폼 실제 활용사례

현) 해찬숲키즈 대표

　　중앙대학교 행정대학원 객원교수 (국제 다문화학 철학박사)

공동저자 **김석무** | 메타버스 관련 정부 규제 및 연구활성화 동향

현) 한국해상풍력(주) 대표이사

전) 산업통상자원부 기술표준원 지원총괄과장

　　산업통상자원부 민원팀장

공동저자 **김영미**

현) (재)FITI 시험연구원 시험품질팀장

　　ISO/TC 38 WG22 Expert

　　중소기업기술정보진흥원 평가위원

공동저자 **김흥택** | 메타버스 표준화 전략

현) 페르가나 한국국제대학교 교수 (공학박사)

전) 한국과학기술원 초빙교수

　　아주대학교 특임교수

　　육군정보체계관리단 단장

　　(사)국방지능정보기술융합협회 수석부회장

공동저자 **박 윤**

현) Thai System Integration Co., Ltd.대표

　　한국디지털혁신협회 대외협력이사

전) 뉴시스 아시아본부장 (특파원)

　　서울과학종합대학원 경영학 박사수료

공동저자 **박준호**

현) ㈜LG전자 신사업(스타트업) 품질/표준화 전문위원

　　국가기술표준원 산업표준심의회 표준회의 위원

　　미래창조과학부 국제공동연구 과제기획위원회 위원

　　한국드론산업진흥협회 드론제조분과 위원장

전) 한국 TBT(무역기술규제) 포럼 초대 위원장 역임

공동저자 **백남수** | 기술 규제 표준화 및 개선 방안

현) 한국생산성본부인증원 경영전략본부장

공동저자 **오성호** | 메타버스 기반 미래 일자리 창출 정책 전망

현) 히타치엘지데이터스토리지 경영지원실장 (전문위원)

　　IPS 산업정책연구원 연구교수 (경영학박사)

　　경영지도사, Gallup 강점코치

전) LG전자 인사기획팀장 / 인재육성팀장 / 조직문화팀장

　　서울과학종합대학원대학교 겸임교수

공동저자 **왕영혁**

현) TUV SUD Korea Business Development Specialist

전) LG전자 제품시험 연구소 선임연구원

공동저자 **이재영** | 메타버스 동향 시사점 대응방향

현) 한국뉴욕주립대학교 비즈니스 경영학과 연구교수 (OR/통계학박사)

　　한세대학교 ICT융합학부 겸임교수

전) 방위사업청 감사자문위원 (분석평가 분야)

　　국방대학교 국방과학학부 국방운영분석학과 교수

공동저자 **이종섭** | 메타버스 기술의 군사적인 활용

현) 동국대학교 CRC연구센터 연구 / 산학 교수 (컴퓨터공학박사)

　　(사)한국스마트치안학회(KASP) 운영 이사

　　IITP, NIPA, NIA / 경기도TP, 인천TP 평가위원 / 기술닥터 등

전) 육군대학 교수부 전투지휘훈련처 교관 겸 전산실장(창조21 / CBT 개발)

공동저자 **정현철** | 클라우드 기반 기술 활용

현) ㈜클라우드플로우 대표이사 (공학박사)

　　All@Cloud 표준포럼 개발분과 전문위원

전) 서울시 IT신기술 거버넌스단 메타버스 부분 전문위원

　　IITP ICT R&D 민간 클라우드 이용활성화 자문위원회 자문위원

MINISTRY OF TRADE, INDUSTRY & ENERGY

제 18726 호

상   장

최우수   일팀
논문상   고가온, 김석무, 김영미, 김흥택,
              박 윤, 백남수, 오성호, 윤일준,
              왕영혁, 이재영, 이종섭, 정현철

　위 사람은 산업통상자원부 국가기술표준원과
중앙대학교가 주관하는 표준고위과정 제6기
학술대회에서 우수논문으로 선정되어 위와 같이
입상하였으므로 이 상장을 수여합니다.

2021년 12월 3일

산업통상자원부장관

문 승 욱

A I 시 대
메 타 버 스 기 술 과
표 준 화 전 략

초판인쇄 2024년 1월 26일
초판발행 2024년 1월 26일

지은이 고가온, 오성호, 백남수, 이재영,
　　　　정현철, 김흥택, 박 윤, 박준호,
　　　　이종섭, 왕영혁, 김영미, 김석무
펴낸이 채종준
펴 낸 곳 한국학술정보(주)
주　　소 경기도 파주시 회동길 230(문발동)
전　　화 031-908-3181(대표)
팩　　스 031-908-3189
홈페이지 http://ebook.kstudy.com
E - m a i l 출판사업부 publish@kstudy.com
등　　록 제일산-115호(2000.6.19)

ISBN　　979-11-6983-881-8　93500